人人学茶

第一次品乌龙茶就上手

Oolong Tea

图解版

李远华　主编

旅游教育出版社
·北京·

图书在版编目(CIP)数据

第一次品乌龙茶就上手：图解版 / 李远华主编.
--北京 ：旅游教育出版社，2022. 8
(人人学茶)
ISBN 978-7-5637-4423-7

Ⅰ. ①第… Ⅱ. ①李… Ⅲ. ①乌龙茶—品茶—图解
Ⅳ. ①TS272.5-64

中国版本图书馆CIP数据核字(2022)第119647号

人人学茶
第一次品乌龙茶就上手（图解版）
李远华◎主编

策　　划	赖春梅
责任编辑	贾东丽
封面图片	小婉供图
出版单位	旅游教育出版社
地　　址	北京市朝阳区定福庄南里1号
邮　　编	100024
发行电话	(010)65778403　65728372　65767462(传真)
本社网址	www.tepcb.com
E-mail	tepfx@163.com
排版单位	北京卡古鸟艺术设计有限责任公司
印刷单位	天津雅泽印刷有限公司
经销单位	新华书店
开　　本	710毫米×1000毫米　1/16
印　　张	14.75
字　　数	205千字
版　　次	2022年8月第1版
印　　次	2022年8月第1次印刷
定　　价	56.00元

(图书如有装订差错请与发行部联系)

编委会

EDITORIAL BOARD

主 编 简 介
EDITOR'S INTRODUCTION

李远华，博士，教授，武夷学院茶与食品学院第一任院长，万里茶道研究院副院长，茶叶科学研究所所长。教育部高等学校教学指导委员会园艺（含茶学）分委员会委员，教育部全国行业职业教育教学指导委员会委员（全国农指委），科技部科技专家库评审专家，国家自然科学基金委茶学项目评审专家。第一届海峡两岸茶业交流协会理事，第六届中国茶叶流通协会理事，第九届福建省茶叶学会副会长，第六届南平市茶叶学会理事长。《茶叶学报》《福建茶叶》《武夷学院学报》等期刊编委，《茶叶科学》（*BMC Plant Biology*）等期刊审稿专家。

主持完成了国家自然科学基金面上项目、国家级大学生创新创业训练计划项目、中国博士后科学基金资助项目、福建省科技重点项目等。获“第二届中华茶文化优秀教师”称号和第二届中国茶叶学会科技奖三等奖、2015福建省政府科技进步三等奖、第七届福建省高等教育教学成果特等奖等奖项。编写教材获2019第三届中国轻工业优秀教材三等奖。

独立撰写专著《茶》，主编《茶叶生物技术》、《茶学综合实验》、《茶业生态环境学》、《茶叶包装与贮运学》（第二主编）、《茶文化旅游》、《茶录导读》、《第一次品岩茶就上手》、《第一次品乌龙茶就上手》，编著《茶经导读》（第二作者），参编10多部大学教材和著作。

前 言

FOREWORD

乌龙茶，又名青茶，是六大茶类之一，发酵程度介于红茶、绿茶之间，采摘鲜叶要求“开面采”，加工工艺是先红茶、后绿茶，其中最独特的是做青工序。乌龙茶品质兼具绿茶、红茶的优点，花果香浓郁，滋味醇厚。

乌龙茶主要产区是福建、广东、台湾（本书中所称“台湾”，均指我国台湾地区），闽北武夷山、闽南安溪、广东潮州、台湾是乌龙茶的代表产地，大红袍、铁观音、凤凰单丛、冻顶乌龙、文山包种茶等驰名海内外。近年来永春佛手、漳平水仙两类茶发展很快，影响也较大，所以书中设置了单独的章节进行讲述，这部分内容，我们邀请了永春县农业农村局主管茶产业多年的副局长兼高级农艺师周文瀚，漳平水仙著名制茶人沈添星和沈达铭父子共同参与编写。

本书力求专业性、权威性、系统性，期待以丰富的内容、图文并茂的形式、通俗易懂的语言赢得读者的认可。但乌龙茶产业和新技术也在快速发展、进步，本版次的不足之处，敬请读者指正和提出意见，以便日后在新版次中充实完善。

李远华于武夷山

2022年2月19日

致 谢
ACKNOWLEDGEMENTS

感谢以下茶友提供图片支持：

旷宇轻舟、贪玩的猫、梅、涵山徐维钟、知味文化、苏明、黄达、谢孟桥、小婉、茶人郑志伟、王巍

目 录
CONTENTS

导论 / 001

第一篇　探源：乌龙茶之源 / 005

一、武夷茶之说 / 006

二、安溪产茶历程 / 009

三、潮州乌龙茶史 / 011

（一）潮州乌龙茶产生 / 011

（二）潮州乌龙茶发源地 / 012

（三）潮州乌龙茶的发展过程 / 013

四、台湾乌龙茶始末 / 014

（一）台湾乌龙茶起源于福建 / 014

（二）台湾茶叶的制作始于清 / 015

（三）台湾开始经营制造包种茶 / 016

（四）台湾开始使用机械制造茶叶 / 016

（五）张乃妙茶师将铁观音引入台湾 / 016

（六）台湾地区茶业改良场成立 / 017

（七）台湾茶由外销为主转变为内外销并重 / 017

第二篇　访地：乌龙茶之地 / 019

一、乌龙茶产区分布 / 020
（一）安溪 / 020
（二）武夷山 / 022
（三）潮州 / 024
（四）台湾 / 027
二、乌龙茶产区主要特点 / 030
（一）安溪 / 030
（二）武夷山 / 034
（三）潮州 / 036
（四）台湾 / 038

第三篇　精植：乌龙茶之栽 / 043

一、乌龙茶生长环境 / 044
（一）安溪 / 044
（二）武夷山 / 045
（三）潮州 / 046
（四）台湾 / 049
二、乌龙茶栽培 / 050
（一）安溪乌龙茶栽培 / 050
（二）武夷岩茶栽培 / 051
（三）潮州凤凰单丛栽培 / 051
（四）台湾茶园 / 054

三、乌龙茶种植品种 / 056
（一）安溪 / 056
（二）武夷山 / 059
（三）潮州 / 061
（四）台湾 / 066

第四篇　细制：乌龙茶之制 / 071

一、乌龙茶采摘 / 072
（一）采摘标准 / 072
（二）采摘季节 / 072
二、乌龙茶手工制作 / 072
三、乌龙茶机械制作 / 078
（一）机制铁观音 / 078
（二）机制岩茶 / 080
（三）机制凤凰单丛 / 081
（四）机制台湾乌龙茶 / 082

第五篇　心赏：乌龙茶之赏 / 089

一、闽南乌龙茶鉴赏 / 090
（一）铁观音 / 090
（二）本山 / 091
（三）黄旦（黄金桂）/ 091
（四）毛蟹 / 092
（五）大叶乌龙 / 092
（六）梅占 / 092
（七）杏仁茶 / 092

（八）凤园春 / 092
（九）佛手 / 092
（十）水仙 / 093
（十一）奇兰 / 093
（十二）乌旦 / 093
（十三）桃仁（乌桃仁）/ 093
（十四）白茶 / 093
（十五）肉桂 / 094
（十六）雪梨 / 094
二、武夷岩茶鉴赏 / 094
（一）大红袍 / 094
（二）水仙 / 095
（三）肉桂 / 096
（四）四大名丛 / 097
三、潮州乌龙茶鉴赏 / 098
（一）宋茶 / 098
（二）宋种 2 号 / 099
（三）棕蓑挟单丛 / 099
（四）八仙单丛 / 101
（五）鸡笼刊单丛 / 102
（六）岭头白叶单丛 / 102
四、台湾乌龙茶鉴赏 / 103
（一）文山包种茶 / 104
（二）冻顶乌龙茶、高山乌龙茶 / 104
（三）木栅铁观音 / 105
（四）东方美人茶 / 106

第六篇　工夫：乌龙茶之冲泡 / 107

一、乌龙茶茶具 / 108
（一）现代工夫茶具 / 108
（二）简易茶具 / 111
二、闽南乌龙茶冲泡 / 111
（一）盖瓯的冲泡与品饮 / 111
（二）紫砂壶的冲泡程序 / 112
三、武夷岩茶冲泡 / 113
（一）武夷岩茶的生活泡法 / 113
（二）武夷岩茶审评泡法 / 114
四、潮州工夫茶冲泡 / 115
（一）潮州工夫茶茶具 / 117
（二）泡出一杯好茶 / 120
（三）凤凰乡村泡茶 / 124
（四）国家级非物质文化遗产项目“潮州工夫茶艺”冲泡程序 / 124
五、台湾乌龙茶冲泡 / 128
（一）台式乌龙茶茶艺新精神 / 128
（二）台湾乌龙茶茶具花样翻新 / 129
（三）台式乌龙茶的热泡法 / 130

第七篇　得味：乌龙茶之品饮 / 131

一、乌龙茶清饮 / 132
（一）生活待客式 / 132
（二）家庭茶室 / 132
（三）茶艺馆 / 132

（四）潮州品饮 / 133
（五）台湾品饮 / 134
二、乌龙茶调饮 / 137
（一）药用茶饮 / 137
（二）保健茶 / 139
三、乌龙茶餐点及深加工产品 / 141
（一）茶点、茶食品 / 141
（二）茶餐 / 141
（三）创意茶食 / 142
（四）乌龙茶深加工产品 / 142

第八篇 甄选：乌龙茶之选与藏 / 145

一、乌龙茶选购 / 146
二、家庭如何科学保鲜和储藏乌龙茶 / 148
（一）冷藏法 / 148
（二）坛藏法 / 149
（三）罐藏法 / 149
（四）袋藏法 / 149
（五）瓶藏法 / 150
三、优质清香型高山乌龙茶十忌 / 150

第九篇 颐养：乌龙茶之用 / 153

一、乌龙茶功能成分 / 154
二、乌龙茶的养生作用 / 157
（一）乌龙茶的特殊保健作用 / 157
（二）乌龙茶的精神调节作用 / 158

三、台湾有机茶 / 159

第十篇 佳茗：漳平水仙与永春佛手 / 163

一、“纸包茶”漳平水仙 / 164
（一）漳平水仙茶简介 / 164
（二）人文历史 / 164
（三）荣誉认证 / 165
（四）品质特征 / 166
（五）所在地域及地理特征 / 166
（六）制作工艺 / 167
二、永春佛手茶 / 175
（一）佛手来源 早期历史 / 176
（二）生产发展 产业形成 / 178
（三）科技创新 产业升级 / 179

第十一篇 问茶：乌龙茶之茶缘 / 185

一、茶俗 / 186
（一）安溪婚姻茶俗 / 186
（二）安溪丧事茶俗 / 186
（三）安溪敬佛茶俗 / 187
（四）武夷山“喊山”与“开山” / 187
（五）潮州茶俗 / 187
（六）凤凰茶谚语 / 188
（七）台湾禅茶 / 189
二、茶事活动 / 190
（一）武夷山斗茶赛 / 190

（二）安溪茶王赛 / 191
（三）台湾无我茶会 / 193
（四）台湾茶香书会 / 194
（五）大型综合性茶业博览会 / 194
（六）台湾木栅观光茶园著名的旅游点 / 195
（七）美不胜收的阿里山观光茶园 / 195
（八）茶香悠悠的大稻埕 / 196

第十二篇　流芳：乌龙茶之传播 / 199

一、乌龙茶对外贸易 / 200
（一）闽南乌龙茶对外贸易 / 200
（二）武夷岩茶香飘海外 / 201
二、乌龙茶内销 / 202
三、台湾乌龙茶营销 / 204
（一）在台乌龙茶的转口贸易期 / 204
（二）台湾乌龙茶输出的快速发展期 / 205
（三）台湾乌龙茶输出的衰退期 / 205
（四）台湾乌龙茶内销的兴起时期 / 206

附录一　安溪乌龙茶主要种植品种 / 207
附录二　武夷岩茶种植品种 / 208
附录三　凤凰单丛茶种植品种 / 210
附录四　台湾乌龙茶树品种特征表 / 215
热点问答 / 217
参考文献 / 219

导　论
INTRODUCTION

一、乌龙茶生产

目前，全世界有60多个国家和地区生产茶叶。世界茶叶主产国是中国、印度、肯尼亚、斯里兰卡、土耳其、越南、印度尼西亚，全球茶叶总产量626.9万吨，其中中国、印度两国的产量之和已达全球产量的67.7%。

我国是全球第一大茶叶生产大国、第一大茶叶消费大国，2020年茶叶产量298.6万吨。我国茶叶有六大茶类，即绿茶、红茶、乌龙茶、黄茶、白茶、黑茶。乌龙茶总产量占全国茶叶总产量的10%左右，乌龙茶约80%产在福建，福建是全国第一个茶叶产值超千亿元的省份。其次是广东和台湾，湖北、湖南、四川、贵州、云南、江西、广西等省（区）也有少量生产。

乌龙茶又名青茶，起源于明末清初，属于半发酵茶，是经过采摘、萎凋、摇青、炒青、揉捻、烘焙等工序后制出的品质优异的茶类。在中国的许多地方都有乌龙茶的种植与加工，但乌龙茶主产地是福建、广东、台湾，安溪铁观音、武夷岩茶、凤凰单丛、台湾乌龙茶、漳平水仙、永春佛手是主要产品。

乌龙茶的生产与研究包括乌龙茶优质茶树资源筛选利用、现代化生产加工、品质安全控制、深加工产品研发、茶文化与茶经济等，特别是要构建茶区优良生态，做好乌龙茶质量安全监控，做好乌龙茶保健功能产品、乌龙茶新产品开发，做好乌龙茶现代加工机械、自动化生产线研制和工艺创新，做好乌龙茶产业链延伸、乌龙茶消费与市场拓展，以解决乌龙茶产业发展中质量与安全、标准化建设、品牌、营销、效益、科技研发等方面存在的问题，促进乌龙茶产业的转型升级，增强乌龙茶产业的经济、社会效益，提升乌龙茶产业在不同茶类、不同饮品中以及在国内外市场的综合竞争力。

二、乌龙茶底蕴厚、品种多、品质优异

福建、广东、台湾三个乌龙茶主产区，茶文化底蕴深厚。福建武夷山在闽越古国就有了茶，“晚甘侯”是武夷茶最早的茶名，元朝在此设立了皇家焙茶局，明末清初开创的“万里茶路”始于此，民国时期“茶界泰斗”张天福和“当代茶圣”吴觉农在武夷山，这使武夷山成为当时全国茶叶研究中心。福建安溪在清朝接连发生了几件震撼中外茶界的重大事件，如乌龙茶制作工艺的发明和定型、名茶铁观音的发现、茶树无性繁殖育苗技术的发明、乌龙茶制作技术和铁观音茶苗传入台湾等。早在明弘治年间出产于广东潮州待诏山的鸟嘴茶已成为贡品，当时称为“待诏茶”。台湾在18世纪70年代，因台北木栅山区丘陵地优异的自然环境适合茶树生长，因此吸引了一批福建移民带着乌龙茶品种到此开垦定居。

福建、广东、台湾乌龙茶茶树品种最多、品质最优异，这得益于这一南方茶区独特的地理优势。福建茶树品种资源和生物多样性丰富，福建武夷山素有“茶树品种王国”之称，历史记载这里有一千多种茶树。福建省迄今已育成审定、认定优质品种45个，无性系良种推广面积达95%以上，其中，国家级品种26个（福鼎大白茶、福鼎大毫茶、福安大白茶、梅占、政和大白茶、毛蟹、铁观音、黄旦、福建水仙、本山、大叶乌龙、福云6号、福云7号、福云10号、八仙茶、黄观音、悦茗香、茗科1号、黄奇、霞浦春波绿、丹桂、春兰、瑞香、金牡丹、黄玫瑰、紫牡丹），省级品种19个（早逢春、肉桂、佛手、福云595、朝阳、白芽奇兰、九龙大白茶、凤圆春、杏仁茶、霞浦元宵茶、九龙袍、早春毫、福云20号、紫玫瑰、歌乐茶、金萱〈台湾引进〉、大红袍、榕春早、春闺）。广东省育成黑叶水仙、凤凰八仙单丛、

乌叶单丛茶等国家级、省级良种17个。台湾有台茶12号（金萱）、台茶13号（翠玉）等11个品种。乌龙茶成品茶种类有很多是根据茶树品种来命名的，这些通过茶叶科技人员选育的乌龙茶茶树品种，其青叶经过摇青、焙火等特殊工艺加工制作成乌龙茶，品质优异，香气、滋味都属上乘，品具“岩韵”“音韵”“山韵”特点，堪称茶叶中的精品，对人体健康很有益，著名“茶界泰斗”张天福一生喝乌龙茶，每天必须饮用乌龙茶，达到茶寿——108岁高龄。

三、认知乌龙茶

中国是茶树原产地，距今五六千年前就有野生茶树。中国茶产业正迎来历史上最繁荣昌盛的时代，作为中国茶产业的一个组成部分，乌龙茶的一片片树叶，正在被茶农、茶商、茶文化人、茶科技工作者、茶政人员，打造成光彩夺目的产品，围绕这些产品进行的建市场、打品牌、做文化活动，以及在全国各地举办的各种宣传推广活动，在神州大地和海外掀起一波波“乌龙茶热”，提高了乌龙茶的知名度，使得国内外的消费者认识了乌龙茶，推动了我国茶产业的发展。

乌龙茶是一大茶类的总称，但由于地域不同，品种繁多，山场和工艺复杂，产品的特征和风格多样化，品质各有特色，因此认知有一定的难度，本书《第一次品乌龙茶就上手》（图解版）择重点进行分区分类解读，分为福建闽南安溪铁观音、福建闽北武夷岩茶、广东潮州凤凰单丛、台湾乌龙茶，详细叙述它们的历史渊源、产地分布、栽培制作、冲泡品饮、选购储藏、茶俗茶事、贸易传播，希望使读者对乌龙茶有比较全面的了解认识。

第一篇

探源：乌龙茶之源

一、武夷茶之说

闽越古国，武夷山就有了茶。

武夷茶最早被人称颂，可追溯到南朝时期（420—589年），而最早的文字记载见于唐朝元和年间（806—820年）孙樵写的《送茶与焦刑部书》。孙樵在赠送武夷茶给达官显贵的一封信札中写道："晚甘侯十五人，遣侍斋阁。此徒皆乘雷而摘，拜水而和。盖建阳丹山碧水之乡，月涧云龛之品，慎勿贱用之！"孙樵在这封信中，把出产在丹山碧水之乡的茶，用拟人化的笔法，美称为"晚甘侯"。"晚甘"，蕴含着甘香浓馥、美味无穷之意，"侯"乃尊称。"丹山碧水"是南朝"梦笔生花"的大文人江淹对武夷山的赞语。从此，"晚甘侯"遂成为武夷茶最早的茶名。

大王峰

玉女峰

元朝至元十六年（1279 年），浙江省平章高兴路过武夷山，监制了“石乳”茶数斤，进献皇宫后，深得皇帝赏识。至元十九年（1282 年），高兴又命令崇安县令亲自监制贡茶，“岁贡二十斤，采摘户凡八十”。大德五年（1301 年），高兴的儿子高久住任邵武路总管之职，就近到武夷山督造贡茶。大德六年（1302 年），他在武夷山九曲溪之第四曲溪溪畔的平坦之处创设了皇家焙茶局，称之为“御茶园”。御茶园的建筑物巍峨、华丽，完全按照皇家的规格模式设计和构建。进了仁凤门，迎面就是拜发殿（第一春殿），还有清神堂、思敬堂、焙芳堂、宴嘉亭、宜寂亭、浮光亭、碧云桥；又有通仙井，覆以龙亭。

明末清初，茶禁松弛，朝廷许可百姓贸易，武夷茶出口量大增，在海路尚未畅通之前，陆路上出现了由山西商贾组成的茶帮，专赴武夷山采购茶叶运销关外：越分水关，出九江，经山西……转至库伦（今乌兰巴托），北行达恰克图（城市名，意为买卖之城，曾是中国境内的中俄通商要埠），全程 5000 多公里，号称“万里茶路”，而后再经西伯利亚通往欧洲腹地。

1938 年，“茶界泰斗”张天福在武夷山创建了“福建示范茶厂”。1942 年至 1945 年，“当代茶圣”吴觉农带领蒋云生、王泽农等一批著名茶人在武夷山“中央财政部贸易委员会茶叶研究

御茶园遗址

所”开展研究工作。这使武夷山成为当时全国茶叶研究中心，使岩茶栽培加工与化学分析等技术得到了很大提高。后来姚月明等人对岩茶应用推广与生产技术提高也做了重要工作。

21世纪初期，李远华、杨江帆、刘勤晋、陈荣冰等在武夷学院创立茶学学科，该学科先后获批茶学国家特色专业、福建省重点学科（茶学），该学院先后被评为中国乌龙茶产业协同创新中心、福建省武夷茶资源创新利用重点实验室、福建省高校茶叶工程研究中心、福建省茶学教学实验示范中心等，借助学院平台，先后举办了国际茶叶大会、教育部茶学学科会、“当代茶圣”吴觉农茶学思想研讨会、海峡两岸茶博会高峰论坛等活动，使得武夷山茶产业迎来了科学的春天，提升了武夷岩茶的形象和科技水平。

二、安溪产茶历程

安溪茶在唐朝（618—907年）就有，兴于清朝（1616—1911年），盛于当代。

唐末五代期间（907—960年），安溪人开始开山种茶、制茶。到了宋朝（960—1279年），安溪茶得到进一步发展，一些寺庙或部分农家陆续种茶、制茶，并能对茶叶品质作鉴别、评价和比较。清朝（1616—1911年）是安溪茶叶发展较快的重要时期。当时，在安溪接连发生了几件震撼中外茶界的重大事件，如乌龙茶制作工艺的发明和定型、名茶铁观音的发现、茶树无性繁殖育苗技术的发明、乌龙茶制作技术和铁观音茶苗传入台湾等。

清嘉庆三年（1798年），安溪西坪人王义程在台湾把乌龙茶制作技术进一步改进、完善，创制出台湾包种茶，并在台北县茶区大力倡导和传授。清光绪八年（1882年），安溪茶商王安定、张占魁在台湾共同设立了“建成号”茶厂，专门从事茶叶的栽培和加工的研究。清光绪十一年（1885年），安溪西坪人王水锦、魏静二人相继入台，在台北七星区南港大坑（今台北市南港区）从事包种茶的制作研究工作，同时举办制造技术讲习班，将研究的心得进行广泛传授。清光绪二十二年（1896年），安溪萍州村人张乃妙将家乡纯正的铁观音茶苗引入台湾，在木栅区樟湖山种植成功，该地区逐步发展成为台湾正宗的铁观音产

安溪茶园

区。1916年，张乃妙参加台湾劝业共进会包种茶评比获“金牌赏”，从此声名鹊起，成为台湾当局聘请的巡回茶师。1935年，台湾茶叶宣传协会特别向张乃妙颁赠青铜花瓶，对其功在台湾茶业进行表彰。

清代，安溪茶叶畅销海内外。清初安溪茶农就远涉东南亚开拓新的茶叶市场。早在清乾隆年间（1736—1795年），西坪尧阳茶商王冬就到越南开设冬记茶行，并在越南12个省开设分店，配制“冬记”大红铁观音。咸丰年间（1851—1862年），新康里罗岩乡（今虎邱镇罗岩村）林宏德制造金泰茶，在新加坡交荣泰号茶行经销，后由其子林诗国、林书国经营。光绪年间（1875—1908年），西坪尧阳茶农王量、王称等兄弟6人从台湾贩运茶叶往印度尼西亚，在雅加达、泗水、井里汶等地开设珍春茶行。安溪茶叶还通过厦门、广州等口岸销往海外。阮旻锡在《安溪茶歌》中有“西洋番舶岁来买，王钱不论凭官牙”的叙述。清光绪三年（1877年）英国从厦门口岸输入的乌龙茶高达4500吨，其中安溪乌龙茶占40%～60%。同治十三年至光绪元年（1874—1875年），美国从厦门口岸输入乌龙茶3.47吨。茶史称19世纪为乌龙茶风靡欧美时期。此外，据记载，英商胡夏米在鸦片战争前曾对福建可资贸易的货物进行调查，并采购了两种安溪茶，据其记载，“安溪茶，广州经常售价是十八两或二十两”，“合丰牌，一大箱安溪茶，广州市价约十六两”。另据英商的记载，1838—1939年，英国商人在广州采购的安溪茶为10.6万磅，约合90 000市斤。

据史料考证，铁观音树种于清朝年间（约1725—1736年）在安溪县西坪镇被安溪人所发现。1920年前后，安溪茶农推陈出新，试验“长穗扦插繁殖法”获得成功；1935年，安溪人改“长穗扦插法”为“短穗扦插法”；1956年，进行大面积短穗扦插。

1985年，安溪县茶叶科学研究所进行乌龙茶空调做青试验研究，安溪茶叶科技人员和茶农一道，在乌龙茶传统初制工艺的基础上，通过不断摸索、改革、创新，推出乌龙茶轻发酵初制工艺，其工艺流程为：鲜叶→凉青→轻晒青→空调做青（轻摇青→长摊凉）→重炒青→冷包揉→低温烘焙→毛茶。2001—2002年，安溪茶叶专业技术人员深入感德、剑斗、金谷等乡（镇），推广应用空调器制作夏暑茶。2005年9月11日，福建省科技厅主持并组织茶叶专家，对省重点项目——安溪乌龙茶初制新工艺与配套设备研究进行鉴定。

2014年，安溪铁观音茶文化系统入选第二批中国重要农业文化遗产。

2019年7月，安溪铁观音茶文化系统入选中国全球重要农业文化遗产预备名单。

三、潮州乌龙茶史

（一）潮州乌龙茶产生

明末清初，潮州出现了用做青法炒制的“黄茶”，称为“凤山茶”，这是潮州乌龙茶的始祖，距今已有三百多年。在“黄茶”之后，才有乌龙茶意义上的单丛茶和炒焙制法。

据《广东通志稿》(1943年)《物产》篇记载：

茶有黄细茶、凤凰茶、山茶之别。黄细茶，高二三尺……。凤凰茶……树高一二丈，大者盈尺，其叶大黄茶一二倍。

追溯1690年《清会典》中有关潮州广济桥茶税分“细茶”“粗茶”的记述，可推断黄茶制法在明末清初已流传于饶平、丰顺等县区，并因地域、茶树品种不同而分为“凤山黄茶”“黄细茶”两种。

“凤凰单丛”作为一种产品和商品，已知的早期记录在鸦片战争之前。

潮州广济楼

潮州牌坊街

潮州彩色嵌瓷厝角

据陈椽《中国茶叶外销史》记载：

在 19 世纪中期，广州茶叶输出……运销欧洲、美洲、非洲及东南亚各地。如鹤山的“古劳银针”，饶平的“凤凰单丛”和“线乌龙”，河源的“烟熏河源”，都畅销国际市场。

按这段记载的年限推算，单丛茶外销距今约 160 年。事实上单丛茶和线乌龙，从创制到批量出口，实际的历史要长得多。

单丛茶传统工艺的形成是渐进式过程，其演化途径可能是：早期炒茶→炒黄茶（早期凤山茶）→炒焙黄茶（后期凤山茶）→传统熟香单丛茶→清香单丛茶。

（二）潮州乌龙茶发源地

潮州乌龙茶发源地凤凰山，古称翔凤山。古人将凤凰鸟的形象与堪舆学的“观形察势法”风水理论相结合，把酷似凤鸟头冠的主峰定名为凤鸟髻。南朝陈（557—589 年）沈怀远在撰著《南越志》时便把它记载为翔凤山。

唐代堪舆学家（俗称风水先生或地师）在翔凤山的南方，发现双髻梁山形似凰鸟之头冠，认为这片山地应称为凰，凤与凰

乌岽顶天池全景

凤鸟髻

双双展翅飞翔，因而，翔凤山改称为凤凰山。唐代李吉甫在《元和郡县图志》中记载："凤凰山在海阳县（今潮州市潮安区）北一百四十里。"宋绍圣四年（1097年）《新定九域志（古迹）》卷九《潮州》载："凤凰山，《南越志》为翔凤山。"再次证实凤凰山的历史名称。所以说，由几百座大大小小的山峰组成的凤凰山自唐代得名，并沿用至今。凤凰山峰峦此起彼伏，连绵不断，千米以上的山峰就有五十多座。现在，凤鸟髻山顶还有仙井、仙脚印；乌岽顶石壁上也有终年水不干涸的仙井和仙脚印、太子洞等。郭于蕃在《凤凰地论》中论断："尝观凤凰一山，吾饶（凤凰镇自古至1958年属饶平县管辖）之名胜也。"

（三）潮州乌龙茶的发展过程

潮州乌龙茶经历了从野生型到栽培型，从红茵品种分化为鸟嘴（凤凰水仙）和优选鸟嘴变种（凤凰单丛）的过程。从原来种植在厝前屋后发展到开山成片种植而逐步发展起来。到明弘治年间，出产于待诏山的鸟嘴茶已成为贡品，当时称为"待诏茶"。据《潮州府志》（郭春震本）载："明嘉靖年间向朝廷进贡叶茶150.3斤，芽茶108.3斤。"

清康熙元年（1662年），饶平总兵官吴六奇派兵士和雇用民工在乌岽山腰开垦茶园，种植"十里香"单从品种。后来，采制的茶叶不但供给太平寺和县衙的人饮用，而且在县城、新丰、内浮山市场进行销售。

清康熙四十四年（1705年），饶平县令郭于蕃巡视凤凰山，鼓励山民大力发展茶叶生产。清光绪年间，凤凰山民带着乌龙茶和鸟嘴茶漂洋过海，到中印半岛、南洋群岛开设茶店，销售茶叶。

民国四年（1915年），开设在柬埔寨的凤凰春茂茶行选送的两市斤凤凰水仙茶在巴拿马万国商品博览会上荣获银奖。至1930年，金边市已有潮州凤凰人开设的茶铺十多间，在越南有十多间，在泰国也有十多间。

民国十二年（1923年），因20多

1988 年盒装色种

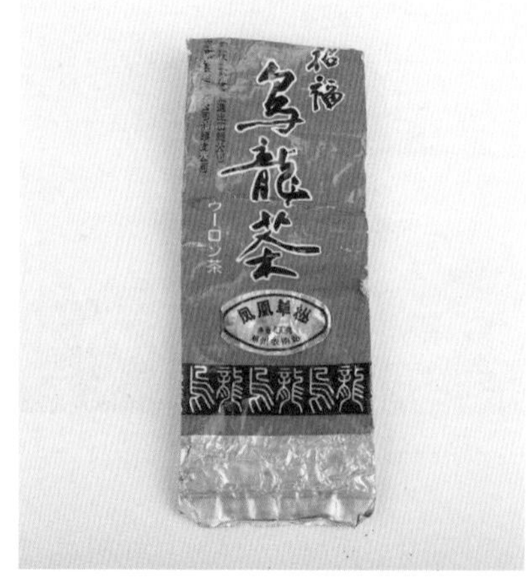

20 世纪 80 年代出口的招福牌凤凰单丛茶

家茶商大量收购、装运茶叶出洋，茶价猛涨。当时，一个光洋只能买到一市斤水仙茶，而一斤单丛茶可值 5～6 个光洋。据记载，1930 年全凤凰山茶叶产量达到 3000 担，由茶商装运出口的有 6000 多件（约等于 2400 担），其余的则由小商贩运销潮汕各地和兴梅地区。

从 1979 年开始，凤凰山地处高、中山的 10 个大队 50 个村，在稻田内逐年改种茶树，同时，在精细管理、采制茶叶的过程中，从水仙品种中筛选出十大香型的茶树株系，即凤凰单丛系列，包括黄枝香、芝兰香、蜜兰香、桂花香、玉兰香、柚花香、杏仁香、肉桂香、夜来香、姜花香。

四、台湾乌龙茶始末

（一）台湾乌龙茶起源于福建

早在 17 世纪，台湾处于荷兰殖民统治时期，便有关于台湾野生茶树的记录，但号称“台湾茶叶始祖”的乌龙茶却源于福建。只不过福建乌龙茶传到台湾后，经过两百多年的演变，不仅制作工艺有所改变，而且福建乌龙茶茶树栽培在台湾特有的土壤上，再加上气温、湿度等自然条件，培育出的乌龙茶茶青内含物质产生了变化，使得市场上流通的台湾乌龙茶具有自己的风格与特征。值得一提的是，与大陆称呼半发酵茶为乌龙茶不同，在台湾地区，大部分的半发酵茶被称为“包种茶”，有些被称为“半球型包种茶”，即市面上俗称的“乌龙茶”，像冻顶乌龙、高山乌龙等都属于台式“乌龙茶”。本书为了保持上下文对乌龙茶界定的统一性，根据发酵程度和工艺流程的不同，还是称台湾半发酵的茶为乌龙茶，并将台湾乌龙茶划分为轻发酵的包种茶和重发酵的台湾乌龙两大类。

（二）台湾茶叶的制作始于清

据撰写于 1645 年的古荷兰文《巴达维亚城日记》可知，当时的台湾并无茶树栽培，当地消费的茶叶来自福建。直至 1661 年，郑成功驱逐荷兰人收复台湾后，建立台湾汉人主体社会，二十余年后，随着郑氏家族统治的结束，于康熙二十二年（1683

阿里山茶园

年），清廷在台湾设县、府、巡道，大陆沿海的同胞以各种方式纷纷移居台湾。在 18 世纪 70 年代，台北木栅山区的丘陵地，因其优异的自然环境适合茶树生长，因此吸引一批福建移民带着乌龙茶品种到此开垦定居。

嘉庆年间（1796—1820 年），福建商人柯朝氏将闽茶种引入台湾，种植于鱼坑（今瑞芳区），大部分人认为此为台湾北部植茶之始。自此，当地农民多以制茶为副业，沿淡水河上游及其支流大汉溪、新店溪、基隆河三溪的丘陵地带广种茶树。此外，台湾名茶冻顶乌龙据有关资料记载大约起源于咸丰五年（1855 年），举人林凤池从台湾至福建参加科考后，带回一些武夷山茶苗，他到南投县鹿谷乡探亲时，将它们种植在气候温和的冻顶山，之后当地人依照林凤池介绍的方法，栽培茶树，采摘芽叶，加工成台式冻顶乌龙茶。

（三）台湾开始经营制造包种茶

鸦片战争后，台北淡水开港，吸引了许多外国洋行到台北大稻埕设立茶厂精制乌龙茶。1869 年，英国商人约翰·杜德为当时台湾生产的乌龙茶取名，并使之外销欧美。19 世纪 80 年代，台湾乌龙茶在蓬勃发展之后，开始滞销，茶商遂将茶叶运往对岸福州改制出售。与此同时，福建同安商人吴福源带着包种茶的加工技术，在台北开设“源隆号”茶行，经营制造包种茶，遂开台湾包种茶制造之先河。

（四）台湾开始使用机械制造茶叶

19 世纪末 20 年代初，台湾茶产业出现两大变化：一是原有的台湾乌龙和包种茶种植面积扩大、产量提高；二是引进印度、泰国等地茶树树种和当地栽制红茶技术，生产制造台式红茶，使得台湾茶业界不再是乌龙茶一枝独秀。不过，台湾茶叶市场虽然经历了红茶的走红，以及随后绿茶的抬头，但历经百年，台湾乌龙茶依然稳占台湾茶叶内外销首位。1903 年，台湾总督府于桃园杨梅镇埔心一带设立了“制茶试验场”（现今台湾“农委会”茶叶改良场的前身），开始在台湾采用机械制造茶叶。

（五）张乃妙茶师将铁观音引入台湾

据台湾著名茶人吴振铎《中国茶道》里的记载，拥有百年历史的台湾铁观音，是由安溪大坪乡萍州村人张乃妙自安溪引进的。1916 年，张乃妙受当时政府的委派，以“政府茶师”身份到福建安溪正式购买千株铁观音茶苗，种植于台北樟湖山（今指南山）。张乃妙之所以被委派，与他先前回安溪老家探亲之行有关。大约在 1896 年，张乃妙第一次将家乡纯正的铁观音茶苗引进台湾，陈文怀在《港台茶事》中写道：“张氏回福建安溪老家探亲，尝到了‘一啜三日夸’的铁观音茶，十分赞赏，遂向亲友索求12株铁观音纯正茶苗，携回台湾的居住地台北木栅，在屋后石崖缝间的土台上种植。”由于台北木栅这一带的自然生长环境，无论是土质条件，还是气候情况，均与铁观音茶树安溪原产地相近，所以茶树引种成功，繁殖扩展较快。张乃妙一生醉心于茶的种植、制作和研发，其制作的包种茶风味口感上佳，曾荣获台湾劝业共进会特等“金牌赏”。

（六）台湾地区茶业改良场成立

20世纪60年代，台湾地区茶业界相对以往更加注重茶树新品种的改良和茶叶生产技术的提升。1964年至1967年间，相关部门帮助台湾茶农更新茶园机械，提高采摘技术。1968年，台湾有关部门为精简机构，合并茶叶育种、栽培、生产研发等部门，在台湾各地区成立茶业改良场。

（七）台湾茶由外销为主转变为内外销并重

1974年，因爆发世界性能源危机，且因台币升值，台湾劳动力缺乏，工资高涨等，使得台茶逐渐失去外销竞争优势，台湾乌龙茶外销市场明显萎缩。

为突破瓶颈，台湾六龟地区开始广推栽种和制作金萱与乌龙茶种。之后，伴随着台湾经济的起飞，台湾人对生活与饮食有了新的追求，以外销为导向的台湾茶业也悄然变化，大部分的台湾茶由当地人消耗掉，特别是1990年以后，台湾每年还要靠大量的进口茶叶来满足岛内茶客的需求。

茶叶这一经济作物，在台湾的发展历史已有三百多年，这期间，不少茶人为台茶的发展做出了贡献，近现代的台湾茶业在吴振铎等人的先后努力下取得了发展。如今，台湾茶树品种较为丰富，栽种过程较为讲究，制作方式多样，泡

茶园步道

游客茶园观光

饮方式更是丰富多彩，出现不少茶艺流派。台湾茶业主要以乌龙茶发展为主线，台湾茶史主角是乌龙茶，红茶、绿茶等为配角。台湾茶人范增平根据茶叶知名度、消费市场和部分专家及学者的意见，于 1992 拟定了台湾十大名茶，分别指鹿谷冻顶茶、文山包种茶、东方美人茶、木栅铁观音、松柏长青茶、阿里山珠露茶、台湾高山茶、桃园龙泉茶、三峡龙井茶和日月潭红茶。2007年，为展现台湾不同茶区的特色，台湾“农委会”开展了“十大经典名茶选拔”活动。市面上也存在着各种各样不尽相同的“台湾十大名茶榜”，榜上有名的茶叶中，虽包含绿茶、红茶，但多数还是属于台湾乌龙茶。

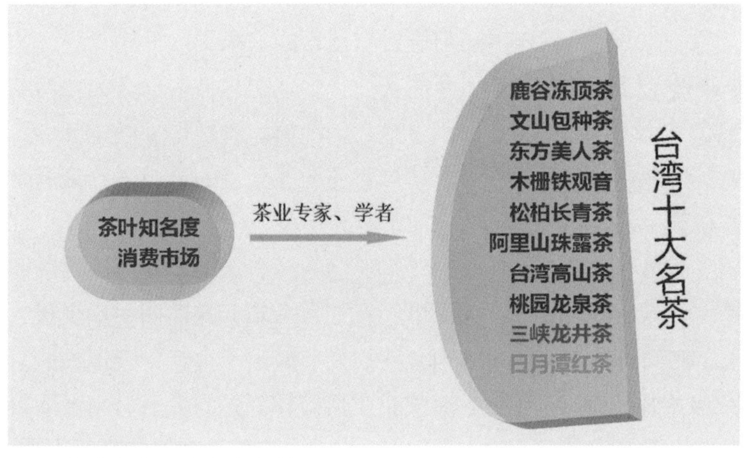

1992 年拟定的台湾十大名茶

第二篇

访地：乌龙茶之地

一、乌龙茶产区分布

乌龙茶产区主要分布在福建、广东、台湾，其中福建产量约占全国的 80%。福建有以安溪铁观音为代表的闽南乌龙茶、以武夷山大红袍为代表的闽北乌龙茶，此外还有平和白芽奇兰、永春佛手、建瓯矮脚乌龙、漳平水仙等；广东乌龙茶主要产在潮州一带，有凤凰水仙、岭头单丛、饶平色种、大叶奇兰等；台湾有文山包种茶、冻顶乌龙、白毫乌龙茶（东方美人）等。

（一）安溪

安溪传统上以湖头盆地西缘的五阆山至龙门的跌死虎岭西缘为界，分成内外安溪 2 个茶区：

内安溪茶区。属中山低山茶区，中亚热带气候。其范围有虎邱、大坪、西坪、龙涓、芦田、长坑、蓝田、祥华、感德、桃舟、剑斗、福田、丰田、良种场、竹园林场、半林林场 16 个乡、镇、场。

外安溪茶区。属低山丘陵茶区，南亚热带气候。其范围有凤城、城厢、参内、魁斗、蓬莱、金谷、湖头、湖上、尚卿、官桥、龙门、同美农场、湖头茶场、白濑林场 14 个乡、镇、场。

1983 年，以茶树生态条件、产茶历史、茶树类型、品种分布为依据，将安溪划分为三个茶区：**中山茶区**，位于安溪县西北部边缘地带，属茶树生态适宜区。**低山茶区**，位于安溪的东南部，属茶树生长最适宜区，也是全县的古老茶区。**丘陵茶区**，位于安溪县的东北部，属茶树生态适宜区。

华祥苑茶庄园

安溪茶园

（二）武夷山

武夷山市共有茶山 14.8 万亩，涉茶人数 8 万余人，注册茶企业 3550 家，食品生产许可认证企业 573 家，市级以上茶叶龙头企业 15 家，中国驰名商标 3 个——武夷山大红袍、武夷星、元正，国家地理标志证明商标 4 个——武夷山大红袍、正山小种、武夷山岩茶、武夷山肉桂，2017 年干毛茶总产量 19 900 吨，茶叶产值 20.23 亿元，涉茶总产值 60 亿元。2015—2017 年“武夷山大红袍”连续三年入选全国区域品牌价值十强。2017 年武夷岩茶入选“中国十大茶叶区域公用品牌”。

武夷山茶按产区不同划分为正岩茶、半岩茶和洲茶。正岩茶产于海拔高的慧苑坑、牛栏坑、大坑口和流香涧、悟源涧等地，称“三坑两涧”，品质香高味醇。半岩茶又称小岩茶，产于三大坑以下海拔低的青狮岩、碧石岩、马头岩、狮子口以及九曲溪一带，品质略逊于正岩。而在崇溪、黄柏溪，靠武夷岩两岸在砂土茶园中所产的茶叶，为洲茶。

2002 年，武夷岩茶被列为国家地理标志保护产品。《武夷岩茶》标准（GB/T 18745-2002）将武夷岩茶产区划分为

雨中武夷九曲溪

武夷水坝

武夷山国家森林公园

正岩商标石

名岩区和丹岩区。武夷岩茶名岩产区为武夷山市风景区范围，区内面积 70 平方千米，即东至崇阳溪，南至南星公路，西至高星公路，北至黄柏溪的景区范围。丹岩产区为武夷岩茶原产地域范围内除名岩产区以外的其他地区。

2006 年，新版《武夷岩茶》标准（GB/T 18745-2006）将武夷岩茶地理标志产品的保护范围限于武夷山市所辖行政区域范围，不再划分产区。

（三）潮州

潮州地势北高南低，山地、丘陵占全市面积的 65%，主要分布在潮安区北部和饶平县，凤凰山脉系戴云山脉向西南延伸的斜脉，它的主峰凤鸟髻海拔 1497.8 米，是粤东地区的最高山峰。

中坪村古厝

乌岽山古茶园

坪溪山地茶区

潮州乌龙茶的主产地是潮安区凤凰镇、饶平县浮滨镇。凤凰镇位于潮安区北部山区，2004年原大山镇合并组建新的凤凰镇，镇域面积23 173公顷，其中山地面积17 342公顷，耕地面积823公顷。浮滨镇位于饶平县中部山区，2004年原坪溪镇合并，组建成新的浮滨镇，属革命老区镇，2008年总人口26 092人，其中农业人口24 593人，土地面积12 356公顷，其中山地面积11 543公顷，耕地面积813公顷。

潮州工夫茶饮

（四）台湾

台湾地区按照地理位置可以将茶区划分为四大块：

台湾北部茶区：包括台北市、新北市、新竹市、桃园县、苗栗县和宜兰县等地的茶区，是台湾最早开发的茶区，在台湾茶业占有重要的地位。台北茶区是台湾产制包种茶、铁观音的发源地。新竹茶区在台湾外销茶兴盛时期是茶园面积最大的茶区，茶园面积超过 10 000 公顷，随着外销茶的没落，茶园面积在逐渐减缩，但当地盛产的东方美人茶依旧受到海内外人士的欢迎。

台湾中部茶区：包括南投县、嘉义县、台中市和云林县内的茶区，是台湾目前最大、最核心的茶区。阿里山茶区位于该茶区的嘉义县。中部茶区的主角是南投县，南投县茶园面积约占整个中部茶区的三分之二。茶产量居全台湾之首、以高山茶为主场的南投县，其茶园面积约为全台湾茶园面积的一半，县内 13 个乡镇几乎都生产茶，但产茶的七大主要乡镇为名间乡、鱼池乡、水里乡、信义乡、仁爱乡、鹿谷乡与竹山镇。

台湾南部茶区：包括高雄县和屏东县内的茶区，虽然此茶区的茶园面积不大，相加也只有 200 公顷左右，但其所产茶叶却因风味特殊深受一些群体的喜爱。20 世纪 80 年代，因为台湾内销茶的兴起，部分南投茶区的茶农选择到南部地区开发新茶园，生产出带苦涩味后转为甘甜的茶叶。屏东满洲茶区称得上台湾最南茶区，其园内茶树各株之树势、萌芽期、芽色、叶形、色泽等均

台湾四大茶区

茶区	产茶市县	特点
北部茶区	台北市、新北市、新竹市、桃园县、苗栗县、宜兰县	台湾最早开发的茶区
中部茶区	南投县、嘉义县、台中市、云林县	台湾目前最大、最核心的茶区
南部茶区	高雄县、屏东县	景色宜人的观光休闲茶园
东部茶区	花莲县、台东县	台湾最南茶区

阿里山高山茶园

南投县鹿谷乡大仑山高山茶园

不一致，与其他茶区有明显区别，滋味浓稠，故有其特殊性，苦中带甘，正好符合爱嚼槟榔的重口味的消费群体偏好。

台湾东部茶区：包括花莲县和台东县内的茶区，又称花东茶区。花莲的天鹤茶园，风景秀丽，和台东的鹿野茶园一样都是台湾观光休闲茶园。花东茶区的乌龙茶质量不如高山茶受推崇，但花东茶区另辟蹊径，开发花东蜜茶，也闯出了自己的一片天地。

鸟瞰台湾北部茶区猫空茶园

台湾中部茶区福寿山茶园

台湾南部茶区恒春茶园

台湾东部茶区鹿野茶园

二、乌龙茶产区主要特点

（一）安溪

安溪是全国最大的产茶县，2014年茶园总面积4万公顷，茶叶总产量6.8万吨，涉茶产业总产值125亿元，比较著名的茶叶企业有八马、铁观音集团、魏荫、中闽魏氏、山国饮艺、华祥苑、日春、三和等。全县主要种植铁观音、黄金桂、毛蟹、本山、大叶乌龙和梅占六个国家级茶树良种，其中，铁观音种植面积占50%以上，是最主要的种植品种。1995年3月，安溪被农业部授予“中国乌龙茶（名茶）之乡”的称号；2000年9月，被中国特产之乡推荐暨宣传活动组委会评为“中国铁观音发源地”；2001年，安溪被农业部确定为“全国园艺产品（茶叶）出口示范区”和“全国首批无公害茶叶生产示范县”，中国茶都安溪全国茶叶批发市场被确定为“农业部定点市场”和“中国茶叶流通协会重点茶市”；2002年，安溪被确定为“全国首批南亚热带作物（乌龙茶）名优基地”；2003年，安溪被评为“全国无公害农产品（茶叶）生产基地县先进单位”；2005年，安溪荣获“中国三绿工程茶业示范县”称号；2005年“安溪铁观音”成为我国第一个涉茶驰名商标，其商标持有者安溪铁观音集团作为中国的唯一代表参加在意大利举行的全球地理标志保护研讨会；2008年，“安溪铁观音”传统制作工艺入选国家非物质文化遗产保护名录，并由文化部推荐申报联合国非物质文化遗产，同时，荣获“福建改革开放三十年最具影响力、最具贡献力品牌”的荣誉，入选“2008年度影响世界的中国力量品牌500强”；2009年，安溪铁观音位列“中国世博十大名茶”第一位；2011年，安溪铁观音位列中国著名农产品区域公用品牌全部第二名，茶类第一名；2009年、2010年、2011年安溪连续三年被中国茶叶流通协会评为全国重点产茶县，并居首位；2011年安溪通过“国家级出口食品农产品质量安全示范区”验收，入选“首批国家级有机产品认证示范县”，获评“全国茶叶科技创新示范县”。2008—2017年安溪连续10年位居全国重点产茶县首位，荣获2012年度中国茶叶产业发展示范县、2014年度中国茶业十大转型升级示范县、2015年国家级有机产品认证示范区、2015年“一带一路”建设闽南优秀茶产区、2016年度中国最美茶乡等荣誉；2017年安溪铁观音获评中国十大茶叶区域公用品牌；2019年安溪铁观音成为首个入选新华社民族品牌工程的全国地理标志农产品，同年安溪铁观音茶文化系统入选中国全球重要农业文化遗产预备名单；安溪铁观音品牌价值连续6年（2016—2021年）位列全国茶叶类首位。

内安溪茶区海拔在500～800米，年平均气温为16℃～18℃，年降雨量为1800毫米左右。春末夏初，雨热同步；秋冬两季，光温互补，十分适宜茶树生长。此区域在唐末就有茶树栽种，为全县老茶区，茶叶量多质优。茶区内不同地域，气候存在差异，故西坪有“南山春湖内夏”之说，即西坪上尧村湖内的夏茶可与西坪尧山村的春茶相媲美。1980年该区茶园面积达4278.80公顷，占全县茶园面积7287.53公顷的58.71%；茶叶产量1585.45吨，占全县茶叶产量2107.4吨的75.23%。

外安溪茶区海拔在250～500米，年平均气温为18℃～21℃，年降雨量为1600毫米左右。该区域明代有部分乡村产茶，中华人民共和国成立后种茶技术逐步普及，此区域也随之成为安溪县内新茶区。1980年该区茶园面积为3008.73公顷，占全县茶园面积的41.29%；茶叶产量522吨，占全县茶叶产量的24.77%。

2020年该区茶园总面积达4.37万公顷，茶叶总产量为7.56万吨，茶叶全产业链涉茶总产值达250亿元。

2020年安溪县各乡镇全年茶叶生产情况

项目	茶叶合计（青茶）		
	年末实有面积（亩）	采摘面积（亩）	产量（吨）
安溪县	654 773	654 773	75 613
凤城镇			
蓬莱镇	19 600	19 600	2270
湖头镇	8982	8982	1035
官桥镇	13 000	13 000	1530
剑斗镇	33 845	33 769	3843
城厢镇	1895	1895	210
金谷镇	25 480	25 480	3110
龙门镇	11 750	11 600	1398
虎邱镇	60 619	60 619	7452
芦田镇	28 333	28 333	3205
感德镇	68 002	68 002	7663

续表

项目	茶叶合计（青茶）		
	年末实有面积（亩）	采摘面积（亩）	产量（吨）
魁斗镇	1455	1451	162
西坪镇	61 329	61 329	7523
参内镇	1928	1928	220
白濑乡	7541	7541	820
湖上乡	17 400	17 400	2088
尚卿乡	9999	9999	1200
大坪乡	34 158	34 158	3865
龙涓乡	80 847	80 847	8757
长卿镇	67 480	67 480	7550
蓝田乡	29 685	29 685	3452
祥华乡	47 532	47 330	5498
桃舟乡	10 500	10 500	1290
福田乡	12 913	12 913	1417
福前场	500	500	55
同美场			
半林场			
丰田场			

1. 西坪镇

西坪镇是世界名茶铁观音的发源地。历年来，西坪镇采取了种种有效措施，促进铁观音茶叶生产可持续发展：启动千人技术培训工程，举办以茶叶栽培、管理、加工、销售和农残控制、质量安全、生态茶园等为内容的培训班，提高茶农种茶、管茶、制茶和售茶的素质；不断加大绿色食品茶叶基地和有机茶基地建设力度，提高茶叶品质，打造茶叶品牌。八马、南尧、超凡、日春4家茶业有限公司获国家绿色食品茶叶使用证书；大宝峰茶叶有限公司等3家茶园基地获得有机茶认证证书。全镇有10家茶叶企业获绿色食品茶叶和有机茶2项认证，居福建省产茶乡（镇）首位。“八马”牌、“日春”牌被评为中国驰名商标，并入选2006年中国十大茶事。八马茶业有限公司进入中国茶叶排行榜10强，是福建省唯一进入10强的茶叶企业。2013年全镇茶园面积2688.33公顷，茶叶产量4716吨，居全县首位。2017年茶叶产量6318吨，居全县首位。

2. 长坑乡

长坑乡是国家名茶大叶乌龙的故乡。长坑乡党委、乡政府围绕茶叶“生态、优质、品牌”三大主题，大力实施“茶业富民”发展策略；采取“三改一补”（改土、改园、改树、补植换种）办法，促进茶叶优质、高产，实现低成本、高效益；组织茶叶种植、初制技术培训及讲座，扶持珍田村打破传统经营模式，率先成立珍田茶业专业合作社。它以市场为导向，把茶叶生产、加工、经营等环节结合在一起，走生产规模化、加工标准化、经营品牌化的发展道路，推动全乡茶业经营持续发展。2013年，全乡茶园面积2571公顷，茶叶产量3759吨。2017年茶叶产量4985吨。

3. 虎邱镇

虎邱镇是国家名茶黄金桂的发源地和主产区。2000—2002年，全镇改造低产茶园166.67公顷，改植换种303.33公顷，建立166.67公顷绿色食品茶叶基地。2003—2004年，双格村等地建立无公害茶叶示范基地333.33公顷；建立绿色食品茶叶基地133.33公顷。2005—2006年，全镇建设生态茶园456公顷，绿色食品茶叶基地166.67公顷；同时，以芳亭村为中心建立安溪铁观音茶苗繁育基地40公顷。2013年，全镇茶园面积2145.6公顷，茶叶产量3685吨。2017年茶叶产量5245吨。

4. 祥华乡

1991—1998年，祥华乡农民从引种铁观音茶树找到一条脱贫致富之路。从此，茶叶生产成为全乡的经济支柱产业，使全乡发展成为安溪茶叶主产区之一。1999—2000年，全乡建设万亩绿色食品茶叶基地。2001—2002年，祥华乡党委、政府引导茶农科学施肥和用药，提倡施用农家肥、饼肥、生物农药，禁用高毒高残留农药，抓好农残降解工作，提高茶叶质量。同时，在和春、白坂、福洋等村集中成片开辟铁观音茶园333.33公顷。2003—2004年，祥华乡万亩绿色食品茶叶基地被列为泉州市级农业示范基地。2005—2006年，全乡改造低产茶园200公顷，建成生态茶园示范片区333.33公顷。2013年，全乡茶园面积2127.33公顷，茶叶产量2980吨。2017年茶叶产量5010吨。著名茶企有福建百年老字号祥华茶厂。

5. 感德镇

1991—1998年，作为安溪县茶叶铁

观音主产区之一的感德镇，全镇茶园面积 499.53 公顷，投入资金 350 万元改造低产茶园 320 公顷。2001—2002 年，镇党委、镇政府组织实施“优质、精品、名牌”发展茶业战略，以茶业产业化推动农业产业化进程；至 2004 年，全镇打造优质茶园 681.8 公顷。2005—2006 年，全镇建设生态茶园 140 多公顷，共培训涉茶人员 2000 多人次。2013 年，全镇茶园面积 2353.33 公顷，茶叶产量 3588 吨。2017 年茶叶产量 5633 吨。著名茶企有感德龙馨、庆芸茶业等。

6. 大坪乡

大坪乡是国家名茶毛蟹的发源地，被誉为“茶海明珠”。1991—1998 年，全乡茶园进行“三改一补”，改造低产茶园 233.33 公顷，改植换种 200 公顷，既优化了茶树品种结构，又提高了茶叶产量。全乡茶叶产量由 1991 年的 301 吨，提高到 1998 年的 1400 吨。2001—2004 年，乡党委、乡政府组织实施“茶业富民”“优质、精品、品牌、卫生”的茶叶发展策略，加大生态茶园建设步伐和万亩绿色食品基地建设力度，培育茶叶龙头企业，狠抓茶叶农残降解，全乡建立茶树病虫测报中心及 7 个监测点，及时发布茶树病虫情报，减少用药次数；同时稳步发展有机茶和空调制茶，茶产业蓬勃发展。2013 年，全乡茶园面积 1473.1 公顷，茶叶产量 3080 吨。2017 年茶叶产量 2800 吨。

除上述 6 个茶叶主产乡（镇）外，安溪还有龙涓、芦田、剑斗、蓝田、金谷、蓬莱 6 个茶叶主产乡（镇）。

（二）武夷山

武夷山市东西宽 70 千米，南北长 72.5 千米，总面积 2798 平方千米，地跨东经 117°37′22″～118°19′44″、北纬 27°27′31″～28°04′49″。武夷山素有“奇秀甲于东南”之誉。武夷山群峰相连，峡谷纵横，九曲溪萦回其间，气候温和，冬暖夏凉，雨量充沛，年降雨量 2000 毫米左右。武夷山地质属于典型的丹霞地貌，多悬崖绝壁。茶农利用岩凹、石隙、石缝，沿边砌筑石岸种茶，有“盆栽式”茶园之称，形成了“岩岩有茶，非岩不茶”之说，岩茶因而得名。

2006 年 5 月 20 日，武夷岩茶（大红袍）传统手工制作技艺被国家确认为首批“国家非物质文化遗产”之一。

2014 年，武夷山有茶园 9871 公顷，产量 7800 吨，产值 15.8 亿元，涉茶人数 8 万多人；有注册茶叶企业 4800 多家，通过 QS 认证的企业 440 家；有市级以上茶叶龙头企业 10 家，其中有国家级 1 家（武夷星）、省级 2 家（元正、永生）；有茶叶合作社 308 家；有茶业类中国驰名商标 3 件，中国知名商标 2 件，省著名商标 35 件，省知名商标 120 件，茶类有效注册商标 3000 多件。

1. 正岩产地与特点

正岩产区以著名的“三坑两涧”——慧苑坑、牛栏坑、大坑口、流香涧、悟源涧为代表，此外还有慧苑岩、天心岩、马头岩、竹窠、九龙窠、三仰峰、水帘洞等地。

慧苑坑：位于玉柱峰北麓，是武夷山岩茶产区中的核心地带，在三坑两涧中区域面积最大。慧苑坑土质优良，具有良好的生态环境和天然的区域小气候，出产的茶叶品质独特而优良。史料记载的很多名丛出自这里，目前仍有铁罗汉、白鸡冠、白牡丹、醉海棠、白瑞香、正太阴、正太阳、不见天等珍稀名丛留存。当地人又称慧苑坑为“慧宛坑”。传说有个名叫慧远的和尚来到天心庙附近坐禅，建立慧苑寺，而位于慧苑寺边上鸟语花香的幽谷便被命名为慧苑坑，由于个别秀才读字读半边，将慧苑寺误读为“慧宛寺”，该名称在民间便被沿用至今。慧苑坑出产的水仙最为有名，备受茶人推崇。

牛栏坑：位于章堂涧与九龙窠之间，为武夷山风景区三条重要沟谷之一。牛栏坑涧谷土质肥沃、日照时间较短，为茶树提供了良好的生长环境。涧谷南侧为杜辖岩北壁，有“虎”“寿”等摩崖石刻，另有方志敏领导的红十军第二次入闽时题刻的“红军经过此山”等。牛栏坑出产的肉桂（俗称“牛肉”）最为有名。

大坑口：大坑口为通往天心岩的一条深长峡谷，横贯东西，连接天心岩和崇阳溪的水系，水量丰富。坑涧两边茶园广布，茶园东西朝向，光照充足，适合种植水仙和肉桂。溪流从上游带来肥沃的土壤，使此地所产的茶品极佳。

流香涧：原名倒水坑，位于天心岩北麓。武夷山风景区内的溪泉涧水，均由西往东流，汇于崇阳溪。唯独流香涧，自三仰峰北谷中发源，流势趋向西北，倒流回山，故得名“倒水坑”。倒水坑两旁苍石丹崖壁立，青藤垂蔓，野草丛生，而其间却又夹杂着一丛丛石蒲、兰花，一路走去，流水淙淙，一缕缕淡淡的幽香扑鼻而来。明朝诗人徐渤游历此地之时，将此涧改名为流香涧。

悟源涧：流经马头岩麓的一条涧水。通向马头岩的涧旁石径静谧安详，令人悟道思源，故此处得名悟源涧。涧旁石壁上刻有此三字涧名，还有乾隆年间江西茶商捐资修建石径的题刻。武夷山风景区内最高峰三仰峰流出的诸多小溪流，汇集到马头岩区域，形成悟源涧的源头，涧水流到山脚的兰汤村，最后汇入九曲溪。

2. 半岩产地与特点

半岩产区分布在青狮岩、碧石岩、燕子窠等地，这些地区土壤为红色硅铝土，土层较薄，铝含量较多，钾含量特少，酸度高，质地较黏重。

3. 洲茶产地与特点

洲茶产地主要是正岩和半岩区域之外的黄壤土茶地及河洲、溪畔冲积土茶地等，范围较广泛。

不同产地的土壤环境，对茶叶品质影响较大。研究表明，正岩、洲茶产地土壤中的氮、磷、锰和有机质含量差异不大，但 pH 值、钾、锌、镁等微量元素及土壤的疏松度差异明显，直接导致了茶叶生化成分差异。茶叶的品质不但与各生化成分总量有关，也与各成分之间的比例有关。滋味方面，正岩和洲茶中茶多酚、咖啡碱、可溶性糖、儿茶素总量差异不大，但正岩茶中水浸出物含量（茶汤厚度）、氨基酸、酚氨比（茶汤浓度、茶味的轻重）明显高于洲茶。香气方面，香气物质总量呈现正岩茶 > 半岩茶 > 洲茶的趋势；不同产地茶青中的香气成分中有相同的物质，也有独有的香气物质，且同一香气成分含量及比例不同，从而表现出不同的山场特征。

正岩产区所产茶叶品质特征表现为岩骨花香，即“茶水厚重润滑，香气清正幽远，回甘快捷明显，滋味滞留长久”，具有明显的“岩韵”。半岩产区和洲茶产地所产茶叶，“岩韵”不明显或没有“岩韵”。

茶树的生长除受土壤影响以外，还受光照、温度、湿度等影响，因此即使是正岩产地的同一个山场产的茶，坑底的茶和山冈上的茶味道区别也可能很大。岩茶的品质除受山场影响外，受品种和工艺的影响也比较大，不同的树种在同一个山场会表现出不同的品质，不同的制茶师做出的茶品质差距也较大。正岩茶只要加工工艺技术没有问题，就会有“岩骨”，外山茶做得再好，依然没有“岩骨”。

（三）潮州

1. 潮安区凤凰镇

凤凰镇茶园面积有 3500 公顷，年产茶叶 2500 吨。凤凰镇目前具备产、制、销综合能力的规模企业有凤凰镇南馥茶叶有限公司、凤凰镇鹏龙茶业发展有限公司、凤凰天池茶叶公司、广东宏伟集团凤凰基地、潮州市天羽茶业有限公司等。

2. 饶平县浮滨镇

2008 年全镇茶树种植面积 1546 公顷，茶叶产量 2365 吨，岭头单丛种植面积占茶园总面积的九成，浮滨镇茶叶规模企业目前有饶平县元峰茶叶公司、广东国宾茶厂坪溪基地、坪溪古山茶厂等。

目前潮州凤凰单丛茶产区，主要以家庭为单位，对茶叶进行初制，精制茶厂不多，未能形成规模化，以小企业居多。比较可喜的是看到很多外来的投资商，对单丛茶进行品牌化的生产和推广。

岭头白叶单丛茶鲜叶

岭头白叶单丛茶园

潮州单丛茶茶园

（四）台湾

乌龙茶是台湾的主要茶类，据台湾地区农业委员会整理的农业统计年报可知，2006 年台湾茶园面积为 17 214 公顷，产量大约为 19 345 吨，受水土保持法等法令影响，至 2014 年后，台湾拥有植茶面积约 11 912 公顷，年产茶叶约 15 200 吨，但由于采用精制农业生产方式，产值反而从 2006 年的台币 43 亿元上升至 75 亿元。2014 年后乌龙茶的种植面积约占 46%，即 5503 公顷；乌龙茶年产量过半，约占 65%，即 10 000 吨。台湾产茶与研发推广机构有台湾天仁集团（大陆著名茶企天福集团天福茗茶即为其所创立），以及台湾茶业改良场、台湾茶协会、台湾制茶工业同业公会等。

1. 高海拔茶区培育风味迷人的高山茶

台湾乌龙茶按照发酵程度的不同分为轻发酵和重发酵两大类，根据海拔不同分为高山茶和平地茶。

茶树的生长环境多集中于山区丘陵，“高山云雾出好茶”，一般而言，产地高度越高，乌龙茶茶品越好。初识台湾茶可以从山区海拔开始着手。

台湾不同纬度和地形中养育着许多不同特性的茶种，从北至南，由西到东，因不同的山系高度，产茶地区不胜枚举，每个产区的茶叶都有其不同的特色。因为旅游胜地阿里山有着高知名度，所以阿里山茶叶是观光客最喜爱的，但在大量的台湾高山茶中，按质量风味排名的话，阿里山高山茶名次显然不是很靠前的。要更深入地了解台湾高山茶，可以从什么是高山茶着手。

业界对台湾高山茶的界定是：利用海拔 1000 米以上茶园中所栽植的茶叶原料制作而成的半球形乌龙茶。海拔越高，茶叶相对价格也会更高，因为海拔越高，茶产量越少，制作生产成本越高，当然更重要的因素在于高海拔的茶树生长环境特殊，因其早晚云雾笼罩，日照时间短，气温变化大，使得叶片中含有的风味物质成分浓度较高，耐泡度高，且冲泡时不怕久浸水中，茶汤滋味甘甜不苦涩。

目前，台湾最具指标性的高山茶出产在海拔 1800～2600 米的大禹岭和梨山茶区。在海拔 2600 米生长的大禹岭茶叶，口感、香气、韵味皆为茶中之冠，内含丰富果胶，只可惜高山寒冷，一年只采收春冬两季。梨山茶区位于 2000 米左右的海拔，地处台中县及南投县山区交界，因一年也只采收春冬二季，量少物美，茶叶口感清新，是高山乌龙茶中的极品。

虽然在阿里山的山头上没有成片种植的茶树，但阿里山的种茶区域广，是目前高海拔乌龙茶最大的产区。其中，海拔约 1500 米的嘉义县石棹茶最具代表，在外销茶中名气最旺。此外，该茶区的高海拔区块还包含有梅山、瑞里、

台湾茶区海拔

茶区		海拔（米）	茶区		海拔（米）
北部茶区	拉拉山	1900	杉林溪茶区	草凹仔	1900
	上巴陵	1900		杉林溪	1900
	新中横	1700		龙凤峡	1800
	下巴陵	1400		三层坪	1700
梨山茶区	大禹岭	2600		狮头湖	1700
	福寿山农场	2600		番仔田	1700
	碧绿溪	2400		软鞍	1300
	华冈	2400		羊仔湾	1300
	梨山	2200		石壁	1300
	南奇莱	2100		草岭	1100
	佳阳	2000		樟湖	850
	翠峦	2000		冻顶	850
	奇莱山	1900		竹山	800
	北奇莱	1800		桶头	750
	武陵农场	1600		华山	600
仁爱茶区	屯原	2100		古坑	550
	翠峰	1900	阿里山茶区	阿里山	1700
	清境农场	1700		顶湖	1700
	良久	1600		石棹	1600
	红香	1400		里佳	1500
	南山	1400		奋起湖	1500
	东眼山	1400		达邦	1500
	武界	1400		樟树湖	1500
	奥万大	1300		太和	1400
	眉溪	1200		龙头	1300
	雾社	1200		隙顶	1300

续表

茶区		海拔（米）	茶区		海拔（米）
玉山茶区	七彩湖	1700	阿里山茶区	瑞峰	1300
	信义	1600		太平	1300
	嗒嗒加	1600		梅山	1200
	久美	1400		来吉	1150
	沙里仙	1400		太兴	1000
	神木	1300		龙眼林	750
	东埔	1200		出水坑	700
	地利	1200		摩天岭	1600
	草坪头	1100	南部茶区	三民乡	1100
	水里	1100		桃源	1000
	新山	1100		茂林	800
	二尖茶	900		六龟	600
阿里山茶区	瑞里	1300		美浓	500

隙顶、龙头、瑞峰、太和、太兴等。值得消费者注意的是，阿里山也出产低于海拔 1000 米的茶叶。

海拔在 1000 米以上高山的茶区还有桃园拉拉山茶区、南投杉林溪茶区、水里茶区、台东太峰茶区等。这些地方生产的高山茶，产量较多，价格实惠，杉林溪茶区的茶尤其受台湾茶客的青睐。

2. 平地茶区的乌龙茶也是实力派

台湾生产乌龙茶的区域还有松柏茶区、鹿谷茶区、宜兰冬山、台北坪林、台东鹿野、花莲瑞穗及南横藤枝等 1000 米以下的“丘陵茶”茶区。除了海拔高的几大高山茶区年产季少、产量少外，很多台湾乌龙茶茶区年采收 5～7 次，依次为早春、春茶、头水、二水、秋茶、冬茶和冬片等。

海拔约 500 米的松柏茶区，位于南投县名间乡的松柏岭（旧称埔中），该茶区主产松柏长青茶（原名“埔中茶”或称“松柏岭茶”）。更名为松柏长青茶是有其缘由的。松柏茶区是台湾早期主要的乌龙茶产地之一，在台湾地区的茶业发展史上算是开发早的，但是所产茶叶的外销量不高，内销市场知名度也不高，销售市场小，茶农生活清苦。直到 1975 年此茶得到蒋经国先生的青睐，因他喜欢该茶的香郁芬芳，特将其命名为“松柏长青茶”。后来当地政府部门又督导推动“松柏长青茶”复兴计划，如今该茶区的乌龙茶产量大、销量大，鲜叶以机械采收为主，制茶过程机械化程度高，茶叶内质较好。

鹿谷茶区海拔约 900 米，位于南投县鹿谷乡，是台湾炭焙乌龙茶最有名气及产量最多的产地，也是最著名的比赛茶区。在春冬两季的时候，鹿谷茶区往往能吸引各地茶农前来进行斗茶比赛，形成春冬两季的比赛盛会。鹿谷茶区生产的冻顶乌龙茶，长于焙火，该茶又被称为“工夫茶”或“老人茶”。

坪林有台湾“茶乡”之誉，其所产文山包种茶是当地特色茶，但因为高山茶的强而有力的竞争，再加上台湾土地寸土寸金，台北坪林茶区的茶产量是大不如前。台北只有淡水、九份、猫空等地少量种植茶树，主要用途是作为观光茶园。

现在很多市面上流通的台北茶叶其实是来自宜兰冬山茶区。另外，台东鹿野、花莲瑞穗茶区自知生产的乌龙茶竞争不过高山茶，所以要么创新开发蜜香红茶、红乌龙，要么挖掉茶树另作他用，将茶园开发为观光旅游地。

第三篇

精植：乌龙茶之栽

乌龙茶主产区福建、广东、台湾，是我国气温最高的茶区，为热带季风气候、南亚热带季风气候，茶区土壤大多为砖红壤和赤红壤，部分是黄壤，适宜乌龙茶生长。

一、乌龙茶生长环境

（一）安溪

安溪属中国东南丘陵地带，位于戴云山脉的东南坡。安溪境内西北部山高坡陡，最高峰太华尖，海拔1600米，其次是凤山，海拔1140米，除此，还有多座海拔千米以上的高山；但安溪境内东南部多为红土矮山，全县平均海拔约300米。山虽不高，坡度却很陡。山坡上散布着许多紫红岩块，红壤中有许多风化石。这种土壤地理状况，给茶树生长提供了良好的自然环境。

安溪境内主要溪流有三条：蓝溪、龙潭溪、西溪。蓝溪位于安溪南部，上游小蓝溪发源于芦田万山中，经虎邱、官桥到达县城南；龙潭溪位于安溪中部，源于长坑，经尚卿到达金谷西南汇入西溪；西溪位于安溪北部，源于永春西北，经剑斗、湖头、金谷、魁斗，到达县城，与蓝溪交汇。两溪汇合后即是晋江，流

安溪茶园

向东南直至泉州出海。安溪的溪流上游落差极大，水力资源丰富，下游较为平缓，可通小船。事实上，在公路修通之前的许多年间，水路交通是安溪与闽南来往的主要方式。今天安溪的溪流虽已不再成为主要交通通道，但在灌溉农田、水电建设、改善生态环境方面，仍然起着极为重要的作用。

按照地形地貌与位置的不同，习惯上将安溪分为内、外片。东部靠海方向为外安溪，平原矮坡居多，属南亚热带海洋气候；年平均气温 19℃～21℃，年降雨量 1600 毫米，相对湿度 76%～78%，夏日长而炎热，冬季无霜。西北部为内安溪，多山地，群峰起伏，属中亚热带气候；年平均气温 16℃～18℃，年降雨量 1800 毫米，相对湿度 80% 以上，全年四季分明，但夏无酷暑，冬无严寒。

安溪县各个乡镇均产茶，但最主要的茶区集中在内安溪的祥华、感德、剑斗、长坑、西坪、虎邱、龙涓七个乡镇。铁观音的发源地西坪乡，距县城 30 多千米，境内大部分是坡度很陡的大山。诞生铁观音传说之一的魏荫所在的松岩村，位于一片苍翠的大山半坡上，周边树木茂盛，泉流清澈，空气清新。另一种铁观音传说中提到的“王士让读书处”，也是在一座山峰的半坡上，周边环境与松岩村相仿。站在此处远望，只见四周崇山峻岭，山顶绿树葱葱，山间茶园层层，山下溪流蜿蜒，构成一幅特别的茶乡风景，令人心神格外怡然。

事实上，安溪的大部分优质茶园都在类似的山坡上。上有茂密树林，下有潺潺清流，中间的山坡全是阶梯式茶园。有的茶园新开不久，茶树矮小，望上去红色多于绿色；有的茶园是老茶园，树木比较茂密，郁郁葱葱，景致清新。安溪的茶园，一年可采摘四次，采摘时间从三月清明开始，一直延续到十月白露。

（二）武夷山

武夷山有三十六峰、九十九岩。武夷岩茶茶园分布在山凹岩壑里，四周林木葱茏，花草蔓生。茶树生长在岩壁间，形成了盆景式茶园。

土壤：武夷山岩石主要是火山砾岩、砾岩、红砂岩、页岩、凝灰岩等。武夷岩茶就是生长在这些岩石风化土壤中。正岩茶园土壤含砂砾量较多，土壤通透性能好，土层好，钾锰含量高，酸度适中，制出的茶岩韵明显。半岩茶产地青狮岩、碧石岩主要是厚层岩红土，土层较薄，铝含量高，钾含量特别少，酸度较高，质地较黏重，制出的茶岩韵微显。马头岩一带主要是黄壤土，狮子口、九曲溪畔是冲积土，土壤中钙含量高，土壤肥沃，制出的茶茶韵略逊。

温度：武夷山年均温度 17.9℃，最高温度 34.5℃（7 月），最低温度 1℃～2℃（1 月），极端天气很少出现。日夜温差大，早晚凉，中午热。白天温度高，茶树光合作用生成物质多，夜晚温度低，

武夷大红袍茶园

茶树呼吸作用减弱，有机物的消耗少，糖类缩合困难，纤维素不易形成，有利于茶树新梢中内含物的积累和转化，使氨基酸、咖啡碱、芳香物质等成分含量丰富。

水分：武夷山境内雨量充沛，年均降雨量为1800～2200毫米，降雨季节集中于3～6月，呈现春潮、夏湿、秋干、冬润的特点。在茶季降雨量一般都高于100毫米。全年雾、露较多，空气相对湿度大，均在80%以上。又因终年岩泉点滴不绝，茶园土壤湿润，茶树新梢持嫩性较强，不易粗老，芽叶肥壮，有利于提高成茶品质。

光照：武夷山茶园建立在峭壁、陡坡或岩谷之间，被密林环抱，阳光穿透枝叶筛射到茶树叶面上；再加上雾气笼罩，光照通过水汽层，直射光减少，漫射光增多，光照时间比平地短，多数茶园终年无直射光照，因此使茶叶中各种内含物，尤其是芳香物质的种类和数量与其他产区有明显的差异，形成岩茶独特的品质风格。

（三）潮州

1. 地形地貌

地形：凤凰山是粤东地区最古老的山，从地质资料中获悉，凤凰山的花岗岩体属燕山运动第三期的岩浆（据说是1.37亿万年以前形成的），大多为黑云母花岗岩粗粒结构，且凤鸟髻、万峰山、乌岽山山腰上的土壤为粗晶花岗岩发育而成，从而促成了凤凰单丛茶独特的“兰香桂味”品质特征的产生。

凤凰茶区的地形复杂，四面高山环抱，峰峦重叠，山脉纵横交错，大都呈东北—西南走向，地势自东北向西南逐渐倾斜，形成以凤凰山为中心的呈零星分布状的若干谷地。

海拔：凤凰名茶产于海拔 400～1300 米的高山上，高山云雾多，漫射光多，对茶树的合成有利。另外，山中空气湿度大，使叶片持嫩性强，再加上土壤中有机质含量较多，日夜温差大，使茶叶中积累的营养物质含量高，而且叶片内所含的物质如儿茶素、芳香物质也较多，从而提高了成茶的香气成分。

坡向：坡向不同，气候与土壤因子也会有很大差异，产茶品质也不同。

2. 气候

光照：凤凰茶区处于北纬 23.5℃、海拔 400～1497.8 米的高温多湿海洋性气候地区。当地气象观测资料（1949—1986 年）统计显示，历年平均积温为 7061.6℃，比当地平原（8024.63℃）偏低；历年平均日照量为 1402.9 小时，比当地平原偏少 524.3 小时。特别的气候使茶叶积累了较多的化学物质成分，符合“茶宜高山之阴，而喜日阳之早”的特性。

乌岽大坪茶林山坡

降雨量：凤凰镇一般年降雨天数为 140 天，历年平均降雨量为 2161.1 毫米，比当地平原偏多 382.8 毫米。每年雨季多集中在 4～9 月，除 12 月和 1 月的雨量少于 50 毫米外，其余各月降雨量均多于 100 毫米。日最大降雨量 200 毫米，多分布在 7～9 月的台风季节。空气相对湿度为 80%。凤凰茶区的水分条件非常优越。

气温：凤凰镇地处北回归线之北（北纬 23°53′），离北回归线不远，距南海也不远，受海洋暖湿气的影响，属于南亚热带气候，温和凉爽，常年平均气温在 20℃～22℃。由于所处的纬度较低，因此每年的霜期不长，一般霜期只有 2～3 次，每次 3～4 天，多发生在小寒至大寒期间或大寒至立春之间，素有“夏无酷暑，冬无严寒”之称。

3. 土壤

凤凰山的形成年代久远，岩石风化较深，表层物理风化不断发展。凤凰茶区的土壤属红壤和黄壤，有不少茶园的表土层是由片麻岩、砂岩、花岗岩风化形成的，表土颜色呈灰色或灰棕色。岩石中的矿物质不断分解而储藏于土地之中，经长年积累，土层深厚，富含有机质，为茶树生长提供充足的养分。

土壤

乌岽山上的风化石

（四）台湾

台湾位于我国东南海域，南部属热带季风气候，北部属亚热带季风气候。台湾面积3.6万平方千米，是多山海岛，高山和丘陵面积占2/3，有东部多山脉、中部多丘陵、西部多平原的地形特征。境内最高峰为玉山山脉的玉山主峰，海拔3952米。中央山脉主要系变质岩系，西部滨海平原为冲积层，成土母质类型众多，山地有多种由不同母质发育的富铁铝土壤。台湾年均气温约为21.0℃，南部的恒春最高（25.0℃），玉山最低（3.9℃），每年4月以后，平均气温20℃以上的时间长达8个月。台湾年均雨量约为2600毫米，年均雨日约155天。台湾森林面积约占52%，多分布在东部山地。台湾冬无严寒，夏无酷暑，降水丰沛、气候湿润，非常适合茶树的生长。

二、乌龙茶栽培

（一）安溪乌龙茶栽培

安溪乌龙茶栽培注重茶树生长年代的更新，修剪高度偏低，一般栽培程序是择地整园—选苗种植—分期管理。安溪茶区的经验证明，好茶基本上都出产在海拔600～1000米的山上。安溪人在长期的种茶实践中，积累了丰富的经验，通过人工改造的办法弥补了一些低海拔茶园的先天缺陷。建设高标准生态茶园就是最有效的办法。安溪茶科所新植的两公顷多铁观音园全部用石砌坎，园内深垦，施豆饼、磷肥、稻草作基肥，很好地防止了水土流失，茶树长势好于历年同龄茶树的生长水平；剑斗后山茶场的9公顷铁观音园，全部用草坯砌筑坚固的外坎，取得大面积丰收；芦田茶场的1公顷铁观音老茶园，通过砌壁保土，获得丰收。

乌龙茶育苗通常采用短穗扦插技术，茶农常说：观音好喝树难种。难就难在铁观音茶树对环境要求较高，扦插中任何一个细节疏漏都有可能造成死苗。这就要求在扦插时一定要精心、细心，以保证最大的成活率与壮苗率。

乌龙茶茶园的耕作技术是每年或隔年冬季进行一次深耕，结合深耕施入基肥。在每年9月至10月全面摘除乌龙茶茶树上的花果，以减少养分消耗，使养分集中供应芽叶的生长。实践证明，摘除花果是安溪乌龙茶高产、优质的一项有效措施。此外，还采用铁芒萁、稻草等覆盖茶园，及时防治病虫及自然灾害。

茶园耕锄和管理，安溪茶区普遍采用填土法，每年或隔年进行一次填土，与深耕同时进行。对于沙质土壤，填入黏性较重的红土，而对于黏性土则填入沙质土壤。填土增加了土层厚度，改善了土壤理化性质，增强了土壤保水保肥的能力。安溪芦田茶场1公顷铁观音老茶园产量原本仅5697千克/公顷，经填入698立方米土壤后，茶园活土层达到60厘米，扩大了茶树的根系分布范围，为茶树生长创造了良好的土壤条件。

安溪采用的施肥技术是大量增施有机肥，合理搭配氮、磷、钾三要素。安溪芦田茶场铁观音茶园，施入豆饼、骨粉、牛栏肥、水肥等，铺盖稻草，再配施一定的氮、磷、钾肥，使茶园土壤肥力大大提高。

经过努力引导和采取有效措施，今天的安溪人环保意识大大增强，普遍使用无公害农药，有些茶区开始实行以农业防治为主、生物防治和药物防治相结合的综合防治措施。

（二）武夷岩茶栽培

武夷岩茶已有一千余年的栽培历史。武夷山茶区地形错综复杂，岩茶区大部分利用幽谷、深坑、岩隙、山坳和部分缓坡山地。武夷岩茶产区内茶园、水沟、道路布局自然奇妙，流水顺势汇集，道路错落有致，林木茂盛，茶树与岩石构成天然山水画。

武夷岩茶栽培前，茶园要先开好排水沟，以石砌梯，险峻石隙可栽植处，亦需砌筑石座；之后表土回园，重施基肥，或运填客土，以土代肥。茶园整理好后即可扦插育苗，移栽种植；要适当密植，采用良种良法。之后合理修剪，枝叶、杂草回园覆盖。武夷耕作法是独特的栽培技术，较突出的有“深耕吊法”“客土法”；耕植深翻使茶树近根部的有效养分能被充分吸收，日光曝晒，能除虫灭病并使土壤熟化；客土中含有大量的微量元素，它们是形成岩韵的重要特质。

茶树采摘时，除少数高端岩茶手工采摘，大多数是机械采摘，采摘为开面成熟采，一芽三四叶。茶园维护方面，为防高寒、干旱、冻害，采取用杂草、稻草、麦秸等均匀覆盖行间裸露土壤的方法进行维护；采用农业防治、物理防治与生物防治相结合的方法抑制茶园病虫害的发生。

（三）潮州凤凰单丛栽培

古代，凤凰茶仅有乌龙茶和鸟嘴茶两个品种。由于凤凰山山高岭峻，交通不便，与外界隔绝，因此茶叶销售受阻，市场不成规模，茶农采取自给自足的生产方式，茶业发展缓慢。至南宋末年，乌崬山李仔坪村李氏开始选择较好的茶树，取其茶果茶籽，用点穴播种的方法进行播种，培育出了一片较好的宋种茶园。

1990 年秋，凤凰镇开展了挖掘、继承、发展“嫁接茶”技术的群众运动。茶农们根据无性繁殖的原理，研究新的技术，大胆地进行劈接法、单芽切接法和单芽皮下腹接法等一系列的试验。

①嫁接高香品种
②嫁接单丛茶
③单丛茶籽苗
④栽培扦插育苗
⑤茶苗园

由于单从茶苗娇贵，较其他茶苗生长培植要求条件高，加上白叶单从茶苗稚嫩，容易受高温烈日的伤害，不比一年半生以上的老熟茶苗，所以植后的初期管理要加倍做好。根据乌岽山的地理走向，东北坡比西南坡的日照时间短，土壤湿润，蒸发量较小，茶树的寿命较长。

①乌岽山杜鹃花——名茶伴生植物
②三百多年的老茶树
③茶园
④高 4～5 米的古茶树
⑤用石块筑成梯壁的茶园

（四）台湾茶园

1. 注重茶叶的水分管理与茶园覆盖

台湾茶园土壤主要是岩石风化或经洪积后而形成，主要分为两大类：

第一，大约有三分之一的台湾茶园分布于海拔 200～500 米的丘陵地，其地大都是母岩由砂岩或叶岩形成的红土壤。这样的土壤具有土层深厚较黏重的特点，土壤酸碱度为 4.0～4.8，有机质含量低，在此基础上种植的茶树产量不高，容易衰老，质量一般。这样的茶园在管理方面，要非常注意茶叶的水分管理，茶园普遍安装有喷灌设施。

第二，剩下的三分之二茶园主要分布于中央山脉及其支脉，在海拔 300～2000 多米的山坡地区，这里的土壤多呈黄褐色，土壤酸碱度为 4.5～5.5，质地松软，有机质含量较高，这是 20 世纪 80 年代以来台湾的核心茶区，产出的茶叶质量优良，享誉全球。可惜的是此类坡地茶园即使筑有平台，但依旧会出现表土被冲走、根部暴露的情况。因此，此类茶园的覆盖十分重要。

2. 注重茶园的机械开垦

因为劳动力成本高，所以不管是平地茶园，还是高山茶园，开垦时，为考虑降低成本，都会选择机械开垦。不同的是，平地茶园可以选择大型或中型开垦机作业，耕犁深度 60～70 厘米，而坡地茶园为配合机械化耕作，开种植沟时，一般以行距 1.5～1.8 米、行长 30～50 米为佳。

3. 注重茶园的永续发展

台湾茶园注重永续发展，体现在农药施用和茶叶留养方面。台湾地处亚热带，气候温和，种植早、中、晚生多类品种，因此全年从 2 月至 11 月都有茶芽可采摘。

在台湾，危害茶树的害虫有 170 多种，害螨也有 180 种左右。目前台湾常

茶青运输轨道

高山茶园及茶青运输轨道

茶园间种银杏

茶园施肥

南投鹿谷茶园蓄水池

见的茶树病虫害为：茶毒蛾、瘤尺蠖蛾、黑点刺蛾、咖啡木蠹蛾、茶避债蛾、台湾避债蛾、茶姬卷叶蛾、茶卷叶蛾、茶细蛾、图纹尺蠖蛾、茶雕木蛾、茶蚕、茶角盲椿象、蓟马、柑橘刺粉虱、茶小绿叶蝉、茶叶螨、台湾白蚁、蛴螬（鸡母虫）。考虑到茶园的生态环境和降低茶叶农残，茶园基本使用生物防治，施有机肥，农药的使用也受严格管理。据当地茶农和茶商介绍，收茶时，茶商都会到茶园观看，若发现茶园里没有杂草，土壤裸露，则判断可能使用除草剂；如果茶园有蜜蜂，说明茶叶农残低或无农残。在这样的发展思路下，台湾茶园是一整片一整片的青绿，非常具有观赏价值。

三、乌龙茶种植品种

（一）安溪

1. 铁观音

铁观音，又名红心观音、红样观音，属国家级良种，原产于安溪县西坪尧阳。灌木型，中叶类，迟芽种。树姿开张，枝条斜生，稀疏不齐；叶形椭圆，叶色浓绿，叶厚质脆，叶缘波状，略向后翻，锯齿疏钝，嫩芽紫红。开花多，结实率高。萌芽期在春分前后，停止生长期在霜降前后，一年生长期为 7 个月。铁观音天性娇弱，抗逆性较差，有“好喝不好栽，好喝不好做”之说。

用铁观音品种制成的乌龙茶，品质特优，滋味醇厚、甘鲜，香气清芳高雅，水色清澈金黄，叶底肥厚软亮，常以天然的兰花香和特殊的“观音韵”而区别于其他乌龙茶。清光绪二十二年（1896 年），安溪大坪乡福美村张乃妙、张乃乾兄弟将铁观音传至台湾木栅区。安溪铁观音主要分布于安溪西坪、虎邱、祥华、感德、剑斗等乡镇。1990 年，全县铁观音栽培面积为 1333.33 公顷，居全县第二位；至 2007 年，位居第一位，为县内四大茶树良种之一；2020 年，全县栽培面积达 26 675 公顷。

2. 黄旦

黄旦，又名黄棪、黄金桂，属国家级良种，原产于安溪县虎邱镇罗岩村。小乔木型，中叶类，早芽种，叶片较薄，叶色黄绿。用黄旦品种制成的乌龙茶，香奇味佳，水色金黄，叶底黄亮，独具一格。黄旦主要分布于虎邱罗岩、大坪、金谷、剑斗、城厢等地。1990 年全县栽培黄旦面积为 666.67 公顷，居全县第五位；2020 年，全县栽培面积为 4780 公顷。黄旦为安溪四大茶树良种之一。

黄旦的由来有两种传说：其一，相传，清咸丰十年（1860 年），安溪罗岩灶坑村（今虎邱镇美庄村），有个青年叫林梓琴，娶西坪株洋村女子王淡为妻。当地风俗，结婚一个月，新娘回娘家“对月换花”，返回婆家时，新娘带回的礼物中要有一种东西“带青”（植物幼苗），以象征世代相传，子孙兴旺。王氏“带青”之物，竟是两株小茶苗，种植于祖祠旁园地里。经夫妻双双培育，茶树长得枝繁叶茂。采制成茶，色如“黄金”，奇香似“桂”，左邻右舍争相品尝，啧啧称赞，特以王淡名字的谐音为其命名为黄旦。后来，茶商林金泰将黄旦运销东南亚各国，供不应求。为进一步提高黄旦的身价，人们根据黄旦的特征，又将其命名为黄金桂。其二，19 世纪中期，安溪县罗岩村茶农魏珍，外出路过北溪天边岭，见一株茶树呈金黄色，因好奇心驱使，特意将它移植于家中盆里。后经压枝繁殖，精心培育，树苗茁壮成长。采制成茶，冲泡之时，未揭杯盖，茶香扑鼻；揭开杯盖，芬芳迷人，因而传扬。后人根据其叶色、汤色特征，取名为黄旦。

3. 本山

属国家级良种，原产于安溪西坪尧阳。灌木型，中芽种，中叶类，花果颇多。与铁观音属“近亲”，但长势与适应性均比铁观音强。本山主要分布于西坪、虎邱、蓬莱、尚卿、长坑、芦田等乡、镇、场。1990 年，全县本山栽培面积达 1066.67 公顷，居全县第三位；2020 年，全县栽培面积为 4934 公顷。本山为全县四大茶树良种之一。

本山由来据《安溪茶业调查》（1937 年庄灿彰著，第 39 页）载：“此种茶发现于 60 年前（约 1870 年），发现者名圆醒，今号其种曰圆醒种，另名本山种，盖尧阳人指为尧阳山所产者。”

4. 毛蟹

属国家级良种，原产于安溪大坪乡福美大丘仑。灌木型，中叶类，中芽种，叶厚质脆，锯齿锐利。全县各乡、镇均有栽培，主要分布于大坪、虎邱、城厢、蓬莱、魁斗、金谷、湖头、官桥、龙门、芦田等乡、镇、场。1990 年全县毛蟹栽培面积为 2666.67 公顷；2020 年栽培面积为 3106 公顷。毛蟹是全县栽植面积较多的一个品种，也是全县四大茶树良种之一。

毛蟹由来据《茶树品种志》（1979 年出版，福建省农业科学院茶叶研究所编著，第 74 页）载：“据萍州村张加协（1957 年 71 岁）云：‘清光绪三十三年（1907 年）我外出卖布，路过福美村大丘仑高响家，他说有一种茶，生长极为迅速，栽后二年即可采摘。我顺便带回 100 多株，栽于自己茶园。’由于产量高，品质好，于是毛蟹就在萍州附近传开。”

5. 梅占

属国家级良种，原产于安溪芦田。小乔木型，大叶类，中芽种，节间甚长。梅占主要分布在龙涓、虎邱、西坪等乡镇，1990 年全县栽培梅占面积达 1000 公顷以上，居全县第四位。

梅占的由来有两种传说：其一，清道光元年（1821 年）前后，芦田村有一株茶树，树高叶长，但不知其名。有一天，西坪尧阳王氏前往芦田拜祖，芦田人特意考问王氏那株茶叫何名。王氏不知，一时答不上来，抬头偶见门上有“梅占百花魁”联句，遂巧取“梅占”为其茶名。其二，清嘉庆十五年（1810 年）前后，安溪三洋农民杨奕糖在百丈坪田里干活，有位挑茶苗的老人路过此地，向杨讨饭，杨尽情款待，老人以三株茶苗赠送。杨把它种在“玉树厝”旁，精心培育。茶树长得十分茂盛。采制成茶，香气浓郁，滋味醇厚，甘香可口。消息一传开，大家争相品评，甚为赞赏，但叫不出茶名来。村里有个举人根据该茶开花似蜡梅的特征，将其命名为梅占。此后三村五里广植广种，逐渐驰名各地。

6. 大叶乌龙

大叶乌龙，又名大叶乌，属国家级良种，原产于安溪长坑珊屏。灌木型，中叶类，中芽种，开花结实率高。1990 年全县栽培大叶乌龙面积达 666.67 公顷，居全县第六位；2020 年，全县栽培面积为 1003 公顷。

大叶乌龙的由来：相传清雍正九年（1731 年），安溪长坑人氏苏龙，将安溪一种茶苗移栽于建宁府（今南平市）。该茶树产量高，品质好，当地茶农认定为优良品种，竞相繁殖栽培。没过几年，苏龙辞世，当地茶农以苏龙姓名谐音将茶命名为“乌龙”。后又根据其品种特征，称其为“大叶乌龙”，而区别于其他乌龙品种。

7. 佛手

佛手属省级良种，又名香橼，原产于安溪虎邱镇金榜村骑虎岩。灌木型，大叶类，叶大如掌，中芽种，开花不结实。1986 年被定为福建省茶树良种。

佛手的由来：相传，清康熙二十九年（1690 年）前后，安溪金榜村骑虎岩的一位老和尚，用茶树枝条嫁接在香橼上，故此茶得名佛手。

8. 其他品种

①早芽种

有大红、白茶、科山种、早乌龙、早奇兰 5 个品种，均原产于安溪县。1990 年安溪均有栽培，大红主要分布在西坪等地，科山种主要分布在尚卿乡。

②中芽种

有菜葱、崎种、白样、红样、红英、毛猴、犹猴种、白毛猴、梅占仔、厚叶种、香仔种、硬骨种、皱面吉、竖乌龙、伸藤乌、白桃仁、乌桃仁、白奇兰、黄奇兰、赤奇兰、青心奇兰、金面奇兰、竹叶奇兰、红心乌龙、赤水白牡丹、福岭白牡丹、大坪薄叶等28个品种，均原产于安溪县。1990年之后县内均有栽培，奇兰、白牡丹、皱面吉等主要分布在西坪。

③迟芽种

有肉桂、墨香、香仁茶、慢奇兰4个品种，均原产于安溪县。1990年之后安溪均有栽培，肉桂主要分布于大坪乡。

（二）武夷山

武夷山种植的乌龙茶品种有：主要栽种品种大红袍、水仙、肉桂，四大名丛铁罗汉、水金龟、半天腰、白鸡冠，以及北斗、白瑞香、雀舌、玉麒麟、向天梅、大红梅、正太阳、正太阴、正柳条、醉贵妃、红鸡冠、金罗汉、素心兰、玉井流香、红孩儿等众多单丛，此外还有引进品种如黄旦、黄观音（105）、金观音（204）、梅占、佛手、九龙袍、春兰、黄玫瑰、金玫瑰、白芽奇兰、丹桂、矮脚乌龙等。

1. 大红袍

省级良种，原产于武夷山九龙窠。茶树为灌木型，中叶类，晚生种。树冠半展开，分枝较密且斜生，叶近阔椭圆形，尖端钝略下垂，叶缘微向面翻，叶色深绿光泽，内质稍厚而发脆，嫩芽略壮，显毫，深绿带紫。在早春茶芽萌发时，从远处望去，整棵树红艳似火，仿佛披着红色的袍子，这就是大红袍的由来。

2. 水仙

国家级良种，原产于南平建阳。小乔木，大叶种，晚生种。树姿半开张，芽叶淡绿色，茸毛较多，持嫩性较强。制成的岩茶香气悠长。

全国绿化委员会2006年将大红袍定为受保护的古树名木

吴三地百年老枞茶树挂满苔藓

吴三地百年老枞基地

3. 肉桂

省级良种，原产于武夷山马枕峰。灌木型，中叶类，晚生种。树姿半开张，芽叶紫绿色，茸毛少，持嫩性强。制成的岩茶香气辛锐持久，有桂皮香。

（三）潮州

单丛是众多优异的凤凰水仙品种单株的总称。各个单株的形态和品质各有特点。单丛是一个资源类型复杂而且熟期迟早不一、叶态殊异的地方群体品种。茶农为了便于栽培管理、采摘制作时识别和商家购买、推介、宣传，按茶树的形态、成品茶的外形特征和品质特点，或以生长环境、时代背景，或以事件、人物喻名等，给这些茶树冠上名字。自古至今，世代积累，形成了上百个株系、品系和品种名称。

1. 黄枝香型

包括宋茶、宋种黄茶香、大白叶单丛、宋种2号、棕蓑挟单丛、海底捞针单丛、团树叶单丛等。

以宋种黄茶香单丛茶为例：

名字由来：宋种黄茶香单丛因成茶的香味似黄茶而得名。

茶树特点：有600多年的栽培历史，树高6.28米，是当今凤凰茶区最高的一株茶树，树姿半开张，树冠6米×5.3米。

2. 芝兰香型

包括鸡笼刊单丛、八仙单丛、竹叶单丛等。

以竹叶单丛茶为例：

名字由来：竹叶单丛，又名“芝兰王”。因叶形狭长，形似竹叶而得名。又因成品茶芝兰花香气高锐、持久而被称为“芝兰王”。

茶树特点：树龄50多年。树高3.1米，树姿开张，树冠2.65米×3米，分枝密度中等。叶片上斜状着生，是凤凰茶区最典型、最狭长的茶叶，叶宽3厘米，属长披针形，叶尖渐尖。叶面微隆，叶色绿，叶身稍内折，叶质中等，主脉明显。叶齿细、浅、钝，是凤凰单丛株系中叶上锯齿数量最多的品种。

3. 蜜兰香型

包括宋种蜜兰香单丛茶、黄金叶单丛茶、峯门单丛茶等。

以宋种蜜兰香单丛茶为例：

名字由来：宋种蜜兰香，原名为香番薯，因成品茶冲泡时冒出一种独特的气味，恰似香番薯的气味，故得名。后经茶叶专家鉴定，因品尝出蜜兰香气味，又因其树龄高，故称其为宋种蜜兰香单丛。

茶树特点：树龄600多年，树高4.59米，树姿开张，树冠6.5米×6.7米，分枝密度中等。叶片上斜状着生，叶形长椭圆。叶面隆起，叶色深绿，叶身平展，叶质硬脆，叶尖渐尖，叶齿细、浅、利，叶缘微波状。由于该品种茶树抗寒抗旱能力强，产量高质量优，乌岽管区和凤西管区都扦插繁殖和嫁接繁殖。

4. 桂花香型

名字由来：桂花香单丛，因成品茶具有自然的桂花香味而得名。

茶树特点：树龄 280 年，树高 3.34 米，树冠 3.61 米 ×2.74 米。分枝密度中等，发芽密度中等，芽色绿、无茸毛。春芽萌发期在春分后，采摘期在谷雨前后。每年新梢两轮次，10 月为营养芽休止期。叶形椭圆，叶色绿，叶面微隆，叶身平展，叶质柔软，叶尖渐尖，叶齿粗、浅、利，叶脉分明。

5. 玉兰香型

名字由来：金玉兰单丛，因该树的鲜叶呈黄绿色（茶农称为金色），制成茶后具有自然的玉兰花香味，故得名。

茶树特点：树龄 150 多年，树高 4.8 米，树姿开张，树冠 4.3 米 ×4 米。分枝密度中等。叶片上斜状着生，呈椭圆形，叶尖渐尖，叶面平滑，叶色黄绿，叶身平展。叶齿粗、深、利，叶缘呈波状。春芽在春分前萌发，芽色浅绿，有茸毛。

6. 姜花香型

名字由来：姜母香单丛（古称姜母茶，后称通天香），因茶汤滋味甜爽中带有轻微的生姜（俗称姜母）辣味而得名。

茶树特点：树龄 200 多年，树高 3.86 米，树姿半开张，树冠 4.26 米 ×3.76 米，分枝密度中等。

7. 夜来香型

名字由来：夜来香单丛，因成茶具有自然夜来香的花香而得名。又据茶农文锡为介绍：在夜晚做青时，鲜叶发出的“水香”（茶叶初发酵时，挥发出的芬芳油香）一阵比一阵高，直至杀青工序结束为止，故得名。

茶树特点：树龄 300 多年，树高 5 米，树姿半开张，树冠

4.3 米 ×3 米，叶片上斜状着生，椭圆形。主脉明显，侧脉不明显，叶齿细、浅、利，叶缘微波状。

8. 杏仁香型

包括老杏仁香单丛茶和乌叶单丛茶等。

以乌叶单丛茶为例：

名字由来：乌叶单丛茶俗名“鸭屎香单丛茶”，因鲜叶颜色墨绿，茶农称它为乌叶，又因成品茶条索色泽乌褐、油润，故称为乌叶单丛茶。据已八旬的茶农魏春色介绍：这名丛是祖传的，原从乌岽山引进，种在“鸭屎土”（其实是黄壤土，但含有矿物质白垩）茶园，长着乌蓝色（墨绿色）的鲜叶，叶形似刚亩（学名鸭脚木）叶。乡里人评价这茶香气浓，韵味好，纷纷问是什么名丛，什么香型。魏怕人家偷去，便谎称是鸭屎香。但还是有人想方设法获得了茶穗进行扦插、嫁接。结果“鸭屎香”的名字便传开去，茶苗也随之迅速在潮州茶区扩种。20 世纪 90 年代嫁接种植最多。

茶树特点：树龄 70 多年，树高 2.38 米，树姿直立，分枝密度中等，发芽密度中等，芽色绿，无茸毛。

9. 肉桂香型

名字由来：肉桂香单丛茶，因茶汤的滋味近似中药材肉桂的气味而得名。

茶树特点：树龄 200 多年，树高 4.65 米。分枝密度中等，叶片上斜状着生，长椭圆形。

10. 茉莉香型

名字由来：茉莉香单丛茶，因成品茶冲泡时冒出自然的茉莉花香而得名。

茶树特点：树龄 150 年，树高 3.4 米，树姿半开张，树冠幅 3.2 米 ×2.5 米，分枝密度较疏，叶片上斜状着生。叶形椭圆，叶面平滑，叶色绿，叶身稍内折，叶质较厚实，叶尖渐尖。叶齿细、浅、利，叶缘微波状。

叶向上
叶下垂
叶内折
大柚叶
墨绿 芝兰香
野放白叶
木仔叶（椭圆 钝尖）
乌岽高山白叶
杏仁香 长椭圆 钝尖
深绿内折
石古坪乌龙茶
大蝴蜞鲜叶
团树叶
低山园白叶
群体
宋种黄茶香 表面凹凸

潮州乌龙茶树叶态

宋种鸭屎香

乌崇 2 号宋种 钝

竹叶 披针形

叶质薄

坪仔头 柿子叶
（圆卵 圆尖 内折 粗深钝）

锯齿浅

翠绿二代宋种

阔椭圆形

大柚叶

兄弟茶

阔椭圆形

锯剁仔

鸡笼刊

宋种 2 号 -1
（长椭圆 圆尖或钝尖）

（四）台湾

当前台湾茶区大面积种植的乌龙茶，除了台湾当地的野生品种，以及从福建安溪、武夷山等地引进的茶种外，还有一些选育出的适制乌龙茶的优良品种。

1. 野生茶茶树品种

谈起台湾乌龙茶茶树品种，绝对不可不讲六龟野生茶。此茶为大叶种小乔木型茶树种，因其生长环境特殊，长在不易进出的偏远深山，生长高大，采摘不便，产量少，极少出口外贸，所以对外的名气不大。六龟野生茶树主要分布于海拔1100～1600米的美仑山、鸣海山和南凤山区。现今原生茶树已受到保育，禁止人们入山采摘。相关部门为保护该品种还鼓励、扶持生产六龟茶，当地茶农采用播种和扦插方式人工培育野生茶，采取自然放任生长和不喷农药的方式管理茶园，以自产自制自销的方式经营茶园，并结合观光来营销野生茶。目前以六龟的新发村和桃园区的宝山村为核心茶区。

由于六龟野生茶儿茶素含量高，也可将其加工成绿茶或红茶，但六龟野生茶的加工方式还以乌龙茶制法为主，发酵程度较重。初制捡梗烘焙后，放入瓮中存放1～2年后，茶汤清澈金黄、滑润甘醇，质量类似台湾早期红水乌龙茶，非常耐泡，当地人称“瓮仔茶”。

粽子形的野生茶

粽子形的野生茶冲泡

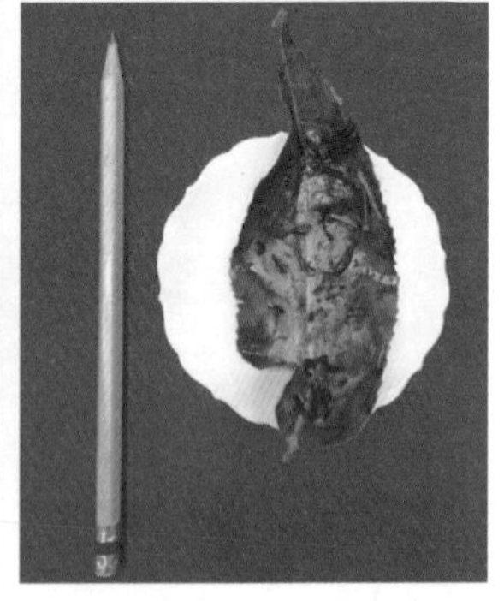
粽子形的野生茶的叶底

2. 台湾引进的品种

（1）青心乌龙：属晚芽种、小叶类，别名青心、乌龙、种仔、种茶、软枝乌龙等。它是一个极有历史并且被广泛种植的品种，经大陆、台湾学者多次考察认证，于1990年闽台茶叶学术研讨会上，由台湾代表吴振铎教授明确对外公布，建瓯市的百年乌龙（矮脚乌龙）是台湾乌龙珍品、冻顶乌龙的母树。

抗日战争之前，全台各个茶区都曾种植青心乌龙，种植最多时占全省茶园面积的40%，目前青心乌龙是高山茶区主要种植的品种，主要分布于嘉义县阿里山、南投名间乡及鹿谷乡等地。这些茶区气候阴冷，特别像阿里山，终年云雾缭绕，适合此类茶树生长。在这些地区得天独厚的生长环境下，经过较长的生长期，青心乌龙形成了自己的特点：树形稍小，树姿开张，分枝密，枝条柔软、富有弹性，叶色深绿，幼芽呈紫红色，叶齿细密锐利，只是树势较弱，易患枯枝病且产量低。

（2）青心大冇：属于适制性极广的中芽种，小叶类，常用的别名有青心、大冇。该品种系由茶农从文山栽培茶树群体中采用单株育种法育成，茶树属无性系、灌木型、二倍体。

本品种因树势强、产量高且适制性广，1953年之后种植面积超过青心乌龙，居台湾地区第一。但近年来种植面积则位居第二，主要分布于桃园、新竹、苗栗三县。树形稍大稍横张形，幼芽肥大而密生茸毛，叶色呈紫红色，叶片为狭长略呈披针形到长椭圆形，中央部位最阔，叶缘锯齿较锐利，叶色呈暗绿色，叶肉稍厚，质硬。

（3）大叶乌龙：属于早芽种，别名乌龙种。从福建引进，属无性系品种，灌木型，树形高大直立，枝条较疏，叶片大，暗绿色，呈椭圆形或近倒卵形，叶厚质硬，锯齿较细密，幼芽肥大多茸毛，呈淡红色，树势强而产量中等。本品种栽培面积逐年减少，目前零星散布于汐止、七堵、深坑、石门、瑞穗等地区。

（4）硬枝红心：属于早芽种，别名大广红心，是从福建引进的名种。树形与大叶乌龙相似，产量也属中等，叶片锯齿较锐利，叶形呈长椭圆状披针形，幼芽肥大且密生茸毛，呈紫红色。目前本品种主要种植地区为台北淡水茶区，以其制成的石门铁观音，外观优异风味独特，颇受台湾民众喜爱。

（5）红心大冇：属于中芽种，别名红心，树形稍大，生长迅速，但不及大叶乌龙、硬枝红心等，叶形长椭圆形，叶色呈绿色，幼芽带红色。本品种大部分分布在新浦、北浦、竹东等乡镇。

（6）黄心乌龙：与红心大冇相似，同属中芽种，芽叶多茸，叶色浓绿，幼芽呈淡绿色。其制作而成的白毫乌龙白毫多，质量优良，目前主要种植在苗栗县。

（7）铁观音：属晚芽种，自福建安溪引进台湾木栅试种后，呈现树形横张形，大体特征同在闽南生长的铁观音相似。

（8）四季春：属于极早芽种，小叶类，系由木栅地区茶农自行选育的地方品种，树形中大型，枝叶及芽密生，叶形较近纺锤形，叶色淡绿，具细且锐之锯齿，幼芽呈淡紫红色。因萌芽期早，年采收6次以上，可以说一年四季都可采收，故称为“四季春”。春茶所制茶叶具有特殊香味，采收期长，曾一度快速扩大种植面积。

台湾种植的适制乌龙茶茶树品种，另有武夷茶、水仙、佛手、梅占等品种，但栽植面积较小，且不普遍。

台湾乌龙茶主要种植品种（引进）

序号	名称	香型	原产地	主要特征
1	青心乌龙	兰花香、桂花香	南投鹿谷	小叶类，晚芽种
2	青心大冇	花香显	台北文山	无性系，灌木型，小叶类，中芽种
3	大叶乌龙	果香、黑糖香	安溪长坑	无性系，灌木型，中叶类，早芽种
4	硬枝红心	特殊香味	基隆金山	无性系，灌木型，小叶类，早芽种
5	红心大冇	—	—	中芽种
6	黄心乌龙	—	—	中芽种
7	铁观音	兰花香	安溪、木栅	无性系，灌木型，中叶类，晚芽种
8	四季春	花香显	南投名间	小叶类，极早芽种

注：以上乌龙茶品种虽然引自福建，但台湾大面积种植的是变异后的新品种，所以“原产地”一栏，除大叶乌龙、铁观音对应的产地安溪外，其他产地均为台湾最早种植这些茶树品种的地方。

3. 台湾杂交选育品种

1916年，台湾的茶业实验所开始茶树杂交育种实验，但在“二战”等种种因素影响下，选育工作停止，直到抗日战争胜利后，选育工作才继续。1968年，茶业试验研究所机构调整成立为茶业改良场，积极推展选育工作。

于1981年选育的台茶12号、台茶13号皆适制乌龙茶。

（1）台茶12号：别名金萱，以吴振铎祖母的名字命名。早芽种，叶片中等，呈椭圆形，芽密度高，茸毛短、多但比青心乌龙少，树形较大，属横张稍具直立型，抗旱性中等，全台各茶区均有种植。所制造的包种茶具有独特的奶香味，因此广受消费者的喜爱，再加上采收期长，适合机采，故栽植面积在稳定增加中。

（2）台茶13号：别名翠玉，以吴振铎母亲的名字命名。中早芽种，叶片较狭长，略大且厚，叶形近椭圆形，茸毛密度比 12 号略低，芽色浓暗深绿带紫色，灌木型，树形直立，抗病虫害中等，抗旱性中等，由于滋味特殊且具强烈的花香气，因此日渐受到欢迎，可在全台种植。

（3）台茶 22 号：台湾茶业改良场育成的茶树新品种，2014 年通过品种命名，取得品种权，是由青心乌龙（父本）与台茶 12 号（母本）杂交选育出的，树势、树形与台茶 12 号近似。用其制作的春冬季轻发酵茶具浓郁花香，滋味醇厚，夏季初秋可以制成白毫乌龙，四季茶质均优于台茶 12 号和青心乌龙。产量高、栽培容易、制成率高，口味可迎合年轻一代与国际口味，再加上春季采收期介于四季春与台茶 12 号之间，可实行 3 个品种的相互搭配，调节茶区采青期的劳动力供应，极适合作为中海拔茶园新植与更新之用。

1974 年选育出的台茶 5 号、6 号，1983 年选育出的台茶 14 号、15 号、16 号、17 号，以及 2004 年培育出的台茶 19 号、20 号也都适制乌龙茶，但由于各种因素，它们不如台茶 12 号和台茶 13 号普及、广泛。

台湾乌龙茶主要种植品种（杂交）

序号	名称	香型	母本 * 父本	主要特征
1	台茶 12 号	桂花香或牛奶香	台农 8 号 * 硬枝红心	无性系，灌木型，中叶类，早芽种
2	台茶 13 号	野香显	硬枝红心 * 台农 80 号	无性系，灌木型，中叶类，中芽种
3	台茶 22 号	花香	台茶 12 号 * 青心乌龙	无性系，灌木型，中叶类，早芽种

第四篇

细制：乌龙茶之制

一、乌龙茶采摘

（一）采摘标准

乌龙茶的采摘属开面、成熟采，即待新梢生长将成熟，顶芽已成驻芽，顶叶叶片开展度达八成左右时，采下带驻芽的二三片嫩叶，俗称“开面采”，有小开面、中开面、大开面。安溪铁观音、台湾乌龙茶由于兼顾外形形状，采摘偏嫩，一般采用中小开面，在驻芽顶部第一叶的面积大约相当于第二叶的 1/2 时采摘；武夷岩茶、凤凰单丛茶重香气和滋味，一般采用中开面或更成熟叶片，在驻芽顶部第一叶的面积大约相当于第二叶的 2/3 时采摘。

（二）采摘季节

安溪铁观音、台湾乌龙茶、广东凤凰单丛有春、夏、暑、秋四个采摘季节，此外，铁观音可在霜降后采摘“冬茶”，凤凰单丛可在立冬至小雪期间采制“雪片茶”，台湾包种茶适制的最佳季节是春、冬两季，秋、夏茶次之，台湾白毫乌龙茶最佳的适制季节是夏季。武夷岩茶只有春茶，晚秋采摘的少部分茶俗称“冬片”。

二、乌龙茶手工制作

乌龙茶的手工制作工艺，分为萎凋→摇青→炒青→揉捻→

烘焙。

萎凋（晒青、凉青）：分日光萎凋和室内萎凋两种。日光萎凋又称晒青，让鲜叶散发部分水分，使叶内物质适度转化，达到适宜的发酵程度。安溪铁观音、台湾乌龙茶晒青时间短、晒青程度轻，武夷岩茶、凤凰单从晒青时间长、晒青程度重，原则上晒到叶色暗绿、第一第二叶下垂、叶梗折弯不断。室内萎凋又称凉青，让鲜叶在室内凉青架上自然散失水分。

摇青：清香或球形的安溪铁观音、台湾乌龙茶需经过将萎凋后的茶叶进行 3～5 次不等的摇青过程，形成乌龙茶叶底独特的清香或花香、叶色略微有红边或红点。浓香铁观音、武夷岩茶、凤凰单从要经过 7～10 次摇青，广东称碰青或浪青，时间 8～12 小时，使叶子在水筛上做圆周旋转和上下跳动，叶与叶、叶与筛面碰撞摩擦，叶片边缘细胞组织逐渐损伤而变红，花果香显露，达到“绿叶红镶边”的效果。

炒青：炒青要求高温，白天锅底发白、黑夜锅底泛红，制止多酚氧化酶继续氧化，防止叶子继续变红，使茶中的青味消退，茶香浮现。清香或球形的安溪铁观音、台湾乌龙茶炒青时要多闷少抛；浓香铁观音、武夷岩茶、凤凰单从炒青时要多抛少闷。

揉捻：趁热揉捻，快速短时，用力程度为轻、重、轻，将茶叶制成球形或条索形，形成乌龙茶的外形。清香或球形乌龙茶采用摔打机，把有红边红点的炒青叶去除。安溪铁观音、台湾乌龙茶多一道包揉工序造型，武夷岩茶、凤凰单从揉捻后直接进行干燥。

烘焙：去除多余水分和苦涩味，焙至茶梗手折断脆、捏成粉末，气味纯正，使茶香高醇。烘焙分初干、再干两个过程，初干高温、短时、薄摊，再干低温、长时，中间摊放，使梗脉叶水分重新分布均匀。武夷岩茶还分为高低火及多次炭焙。

最后去除茶梗、黄片、碎片、茶末等，复焙、归堆，有需要时按成品茶品质要求和毛茶品质特点进行拼配、包装。

乌龙茶手工制作过程

采摘
刚采摘的茶青
晒青
晒青后的叶态
晾青时的茶叶
摇青
晾青
碰青
做青后发酵待杀青的茶叶
人工杀青（炒茶）
滚筒杀青机杀青中期
杀青后叶态
手工揉捻
左为首次揉捻后的茶叶
右为再次揉捻后的茶叶

凤凰单丛制作过程

机械揉捻机

揉捻后的茶叶

均匀筛散揉捻湿茶

初焙

烘焙

茶叶分级

固香

抹炉灰

起炉火

炭焙时所用到的工具

压炉灰

竹制焙笼

三、乌龙茶机械制作

（一）机制铁观音

储青：从茶园采摘回来的鲜叶，要进行储青，以便集中成批后加工成毛茶。

萎凋：使用半机械化的萎凋槽及自动萎凋机，可以降低成本，同时鲜叶水分蒸发快，萎凋均匀，克服了不良气候对茶品质的影响。

摇青：摇青是制造乌龙茶特有的工序，是形成乌龙茶品质香气的关键性过程，使用设备有普通摇青机和无级调速摇青机。摇青机由摇笼、传动装置、机架和操作部件组成。

摇青过程如下：

（1）接通电源，先试机，若运转正常，再停机，清理摇青笼内的积叶。

（2）装入茶叶，依品种、等级不同，投叶量不同（一般为50～150公斤），茶叶装入后要抖散，装叶量以刚好盖过笼体轴心为宜，最后扣好进茶门。

（3）合上闸刀开关，让摇笼运转。摇青时间、次数与间隔时间依气候季节和做青程序灵活控制。

（4）摇青结束，断开闸刀开关，打开进茶门卸叶，扫清筒内茶叶。

无级调速摇青机尤其适于名优高档茶的作业，其使用方法与普通摇青机相同。

炒青：炒青过程是利用高温破坏鲜叶中酶的活性，制止多酚类化合物质酶性氧化，使鲜叶内部水分蒸发，在散发青草气发展香气的同时使叶质变软，为揉捻工序创造条件。一般使用液化气炒青机和滚筒杀青机。液化气炒青机由滚筒、传动装置、机架和操作部件组成，有翻炒均匀、升温快、炒青质量好等优点。

炒青过程如下：

（1）炒青前，对各传动部件进行检查，并往各润滑点添加润滑油。

（2）按下启动开关，让主轴试运转，打开液化气阀门，点燃液化气，燃火要旺、稳。

（3）当出叶口的筒温达到280℃左右，即可投叶5～10公斤进行炒青，开始投叶时量要多，以免产生焦叶，接着从出叶口观察杀青情况并适当调整投叶量。

（4）炒青结束，通过下压操作杆将滚筒出口下压，就可自动出茶。

（5）炒青结束后，关闭燃气阀，将明火熄灭，停机，清除筒内残叶。

滚筒杀青机的工作使用方法同液化气炒青机相似，不同的是杀青后出叶时，靠反转筒体，茶叶沿螺旋导叶板出筒体后再继续投叶杀青。

揉捻：揉捻机是用来完成茶叶初制加工中揉捻作业的机械。揉捻使叶片卷紧，利于干茶成形，并使茶叶细胞适量破损，茶汁挤出附在叶表面，使干茶既容易冲泡，又具有一定的耐泡性，提高饮用价值。揉捻机由揉盘装置、揉桶装置、加压装置、传动装置和机架构成。

揉捻过程如下：

（1）揉捻开始前，先清理揉盘及揉桶内的残余物，检查各部分螺栓是否紧固。

（2）转动手轮，开启揉桶压盖，按揉捻机投叶量装叶，切勿过多或过少，否则会影响揉捻质量。

（3）关闭揉桶压盖，按揉捻工艺所需时间（乌龙茶需3～4分钟）和加压压力（轻压0.5分钟—重压1分钟—轻压0.5分钟—重压2分钟—松压出茶）进行揉捻。

（4）揉捻完后，开启茶门闩，让揉桶继续运转数转，待茶叶落出茶门后，停机，打开揉桶压盖，清扫残留茶叶，最后关闭出茶门，进入下一次作业。

烘焙：乌龙茶的烘干需与包揉结合，反复多次进行。烘干机利于茶叶水分蒸发，使茶叶内含物发生热反应，发展其特有的香气，并可固定茶叶外形和色泽，缩小体积。

烘干机是由烘箱底架、旋转装置、传动装置、热风装置组成。

速包：速包是茶叶包揉前的制茶工序，代替了繁重的人工包揉作业，具有电动紧袋和包揉作用，可提高数倍的工效，而且加工制作的茶叶可成珠形或半珠形颗粒状，外形美观，经久耐泡。

速包机由成形手柄、传动装置、电气控制系统及四粒成形立辊组成。

包揉：包揉是乌龙茶外形制作的特有工序。包揉机是根据包揉的工艺要求（保温、透气、缩小体积、相互间搓揉挤出茶汁），模仿人工包揉原理制造生产的，其包揉工效比手工包揉提高近20倍，并能使茶叶条索紧结，美观耐泡。

包揉机由传动装置、上下揉盘、升降加压装置、机架组成。

松包：乌龙茶经过包揉的工序后，条索常结成团状，有的成为紧实的茶块，松包、筛末多用机，可使茶团或茶块快速（1～1.5分钟）均匀地解散。

松包机由滚筒、操作杆、传动机构、机架组成。

总之，传统操作生产茶叶过程花工多，成本高，使名优茶的机械化生产受到制约。机械的使用，是发展名优乌龙茶机械化生产的一个有效途径，它不仅可以满足名优茶机械化生产的需要，而且为名优茶产品的规格化、标准化、商品化提供可靠的保证。

精制：乌龙茶精制分为手工作业和机械化作业两种方式。机械化作业因厂、因设备不同而有差别，故精制方法主要有三种：多级拼配付制，单级收回；定级付制，主产品收回；单级付制，单级收回。现将多级拼配付制、单级收回的精制工艺简述如下。

乌龙茶精制工艺分投料、筛分、风选、拣剔、打堆、烘焙、摊凉、匀堆、装箱九道工序。

（1）投料

根据原料拼配方案付投。付投时，注意检测毛茶水分。

毛茶含水量超过 8%～9%，不易筛制，须经复火干燥后再制。含水量合适可直接筛制，时产控制在 0.9～1 吨。

（2）筛分

筛分是整理毛茶形状和淘汰劣异。毛茶先经滚筒筛机初分大小，然后再经平面圆筛机分离成各筛号茶，使各筛号茶的外形相近似。

（3）风选

经筛分处理后形成的各筛号茶及筛头茶，分别进入风选机进行风选，从六个出口产生出砂头茶、正茶、子口茶、副子口茶、草毛和轻片。砂头茶经坠沙处理，正茶进入下道工序，子口茶及副子口茶再经手拣分成重质片和轻质片。达到正茶中没有轻片，轻片中不含草毛。

（4）拣剔

拣剔包括机械拣剔和手工拣剔。主要是除去粗老畸形的茶条并拣出茶子、茶梗。经筛分处理后的中、上段茶，先经 73 型拣梗机拣剔后，再经阶段式拣梗机或静电拣梗机拣梗，产生出正茶及一号梗、二号梗等。正茶及三口茶再经手工拣剔后，做到“三清一净”，即茶中的梗、片、杂物清，地下茶净，这样就可以进入下一道工序。

（5）打堆

根据小样拼配比例的要求，将各筛号茶按比例打堆，每堆数量 500 千克左右。

（6）烘焙

烘焙是乌龙茶形成独特滋味的关键。其一般火功的要求是：低温慢焙，高级茶温度宜低，时间宜短；低级茶温度宜高，时间宜长。

（7）摊凉

经烘焙后的茶叶，温度达 60℃~80℃，须经冷风机进行冷却，然后进入拼配堆房摊凉，使茶叶滋味更醇。

（8）匀堆

经冷却后的茶叶分别进入粗、中、细三个堆房，通过测算粗中细三号茶的配比，把结果输入计算机，计算机将得到的数据经处理后传到电子皮带秤上的压力传感器及测速器上，从而达到均匀混合的目的。

（9）装箱

匀堆后的茶叶经手工拣剔非茶类杂物及检测碎茶的含量后，过磅装箱，即成为商品茶。

（二）机制岩茶

武夷岩茶机械制法由六个工序组成，即萎凋、做青、炒青、揉捻、干燥、精制加工，主要技术要点如下：

萎凋：有日光萎凋（晒青）和加温萎凋两种。晒青青叶放在棉布、谷席上，薄摊，使叶子均匀接受阳光的照射，总历时 30～60 分钟不等。加温萎凋是用综合做青机的鼓风机使热空气透过叶层，促进叶片水分的蒸发。

做青：吹风、摇青、静置，反复多次。根据不同品种的不同特征，需摇青5～10次，历时6～12小时。做青变化：青气→清香→花香→果香，叶面绿色→叶面绿黄→叶缘红边渐现→叶缘朱砂红，呈汤匙状，三红七绿。

炒青：滚筒式杀青机（110型或90型），筒温220℃以上。时间6～10分钟，高温快炒、透闷结合。

揉捻：趁热揉捻，热揉快揉短揉，先轻压后重压，老叶重压嫩叶轻压，中途减压1～2次，全过程6～10分钟。

干燥：分初干和复干，一般用自动链式烘干机。将揉捻叶均匀抖散在烘干机的传送带上，摊叶厚度1～2厘米，初干温度130℃～140℃。中间摊放使梗叶水分重新均匀分布，再行复干。复干温度110℃～120℃。干燥后的茶叶称毛茶。

精制加工：审评、筛分、风选、拣剔、烘焙、拼配、匀堆装箱，精制后称成品茶。

（三）机制凤凰单丛

杀青：目前机械杀青在凤凰茶区已广泛应用，制茶能手不用打开杀青锅门，只需贴近锅旁嗅闻气味，即可判断杀青适度的出锅时间。如锅温太低，成茶香气不清高，味浊青涩。凤凰单丛茶的炒青做法是：先闷一下再扬炒，后闷炒（注意炒匀、炒透），即利用短时高温以闷炒为主，防止过多透炒。茶青炒至有黏手感，枝条不折断，无青臭味，一握成团为适度，便可进行揉捻。

机揉：目前采用双动揉捻机，转速50～60转/分，每桶装叶4～6公斤，揉6～8分钟，中间解块1～2次，直至成条索。机揉应注意加压适当，压力太重，碎片茶增多，茶汤混浊，滋味苦涩，成茶也不耐冲泡；压力太轻，茶汤色浅滋味淡，均不符合品质要求。揉捻进行时间的长短，应视炒青叶的投放量、制茶季节及叶片老嫩程度等而定。

机械烘焙：机械烘焙过程中，会使用到焙橱和烘焙机。

（1）焙橱。又称热风焙茶橱，包括炉体和焙橱。现在多采用镀锌铁皮弯制，焙橱烘焙产量高，烘焙成本低，被广泛应用，几乎每个茶农家里都配置，但在规格上因场地情况会有大小不同。

（2）烘焙机。采用福建安溪产或当地仿制的茶叶自动烘焙机，以电力作能源，烘焙原理类似于焙橱，机体呈方形，内设移动筛架，筛架可搁置12层或16层焙筛。烘焙时先设定好烘焙机温度，再将待烘茶胚均匀薄摊在筛子上，放入筛架，把筛架推进烘焙机烘焙。烘焙机更多地用于复焙和足火，一般农户还较少使用。

精制：

（1）看茶焙茶

第一次将初制茶叶烘干，经过审评

之后，需要对初制茶（毛茶）进行分级，再将分级后的茶叶按品种级别进行归堆，依据茶叶各自的特点进行复焙，做到“看茶焙茶”，品质较好的茶叶一般可采用低温多焙的方式，多次烘焙精制，弥补成茶的不足，如走水、提香、固香、醇化、退火。也可以依据不同烘焙时间和方式进行适当的修整，如采用烘焙和炖火处理。

（2）拼配

拼配根据市场不同的需求和归堆好的茶叶的不同等级的风格、香型、滋味、韵味、花香等进行分配，需求涉及茶叶成本和风格，可以采用不同的比例拼配形成不同的品味。拼配过程中遵循无韵补韵、无香补香、水硬化水、无味补增味的原则。拼配是一门艺术，如调香师调香一样，目的是保证产品质量的标准化与稳定性。

（3）提升茶叶品质

通过复焙和炖火处理，对单丛茶品质形成具有独特的作用和效果，表现为：

①降低茶汤苦涩味，提高茶汤甘醇度。

②茶汤的香气、鲜爽味等品质成分得以提高。

③能使干茶出现特有的油亮光泽。

复烘火温宜低，烘笼上要加盖，以免香气散失。烘焙过程中要及时翻拌，坚持薄焙，多次烘干，促使茶叶色泽和香气、滋味综合显优。

（四）机制台湾乌龙茶

1. 乌龙茶初制

台湾乌龙茶是半发酵类的茶叶，在收集茶青后一般茶叶的制作步骤是：萎凋→做青→杀青→揉捻→干燥→初制茶。各种台湾乌龙茶的制作流程如下：

台湾条形文山包种茶：日光萎凋或热风萎凋（萎凋失重8%～12%）→室内萎凋及摇青（发酵程度8%～10%）→炒青→揉捻→初干或初焙→再干或复焙。

台湾半球形包种茶：日光萎凋或热风萎凋（萎凋失重8%～12%）→室内萎凋及摇青（发酵程度15%～25%）→炒青→揉捻→初干或初焙→热团揉及复炒3～5回→再干或复焙。

台湾球形包种茶：日光萎凋或热风萎凋（萎凋失重8%～12%）→室内萎凋及摇青（发酵程度15%～25%）→炒青→揉捻→初干→反复包布焙揉→解块→再干→拣剔→烘焙。

台湾白毫乌龙茶：日光萎凋或热风萎凋（萎凋失重25%～30%）→室内萎凋及摇青（发酵程度50%～60%）→炒青→湿巾包覆回软→揉捻→解块→干燥。

白毫乌龙是台湾特有的茶，其特殊的一道工序就是湿巾包覆回软，过程简述如下：茶叶炒青后即用浸过干净水的湿布包住，闷置10～20分钟，待茶叶回软无刺手感，这样不仅易揉捻成形，也可以避免茶芽、茶叶被揉碎。使用干燥机干燥白毫乌龙茶时要注意温度控制在80℃～90℃，如果像干燥半球形乌龙茶一样将干燥温度维持在100℃～120℃，则会使白毫乌龙茶带上火味，降低质量等级。

台湾乌龙茶很少进行全程手工制作，在茶厂设施方面机械化、电子化程度较高，值得一提的是日光萎凋和室内萎凋的设施科学先进，能有效控制批量茶青的温度、失水率。制茶间干净整洁，室内萎凋间配有冷气、暖气、除湿机、加湿机，可以在各种气候条件下按需使用。

2. 乌龙茶精制

台湾乌龙茶完成初制后，一般都会再经过一道精制的烘焙程序，然后成为消费者购买的成品茶。利用烘焙的火候改善茶叶的香气和滋味，除去青臭味，减轻涩味，并使茶汤水色明亮清澄。根据焙火的程度不同可分为鲜香、清香、蜜香、甘蔗香、炒米香、烧烤香和竹炭香等香型。

考虑到卫生因素，再加上拣梗成本高和台式乌龙茶梗含有丰富的内含物，所以台湾乌龙茶基本不拣梗。

值得一提的是，考虑到茶叶易吸水、易吸味等因素，台湾乌龙茶在包装出售时，包装罐里会放上干燥剂。

茶青篓

符合标准的茶青

日光萎凋

萎凋车间

室内萎凋间右侧放置除湿机

室内萎凋

人工搅拌

杀青

杀青中

用布包揉台湾乌龙茶

揉捻

反复揉捻

投茶压块

压块

解块

烘干

台湾乌龙茶制作过程

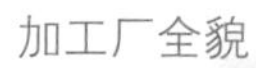
加工厂全貌

室外遮阳网

萎凋车间

物流通道

浪青机

压块机

杀青机

瓦斯燃料杀青机

台湾乌龙茶制茶设备

第五篇

心赏：乌龙茶之赏

一、闽南乌龙茶鉴赏

安溪铁观音作为闽南乌龙茶的代表，与其他乌龙茶相比，显现出不同的品质特征。不同季节之茶，其品质特征有一定的差别。对高山茶与平地茶的鉴别，对新茶与陈茶、假茶等的鉴别，是茶人必须掌握的一项基础知识。而对成品茶、半成品茶进行水分和碎末的检验，又是准确评定茶叶品质的一个重要环节。

安溪茶农通过长期的生产实践，在品种的观察、鉴定和选育方面累积了丰富的经验，不断地在群体品种中发现和选育诸多不同的乌龙茶品种。1984 年 11 月，全国茶树良种审定委员会对全国茶树良种进行评审，审定 30 个国家级良种，其中安溪铁观音、黄旦、本山、毛蟹、大叶乌龙、梅占 6 个品种榜上有名。1986 年以后，佛手、杏仁茶、凤园春、水仙、八仙茶也先后被确定为福建省茶树良种。至 1990 年，经茶业部门征集，原产于安溪的茶树共有 44 个品种，其中不少品种是中国名、优、特、稀品种和适宜制作乌龙茶的王牌品种。至 1999 年，安溪茶农又选育和培植了 10 个新的茶树品种，使品种总数达 54 个。安溪被誉为“茶树的良种宝库”。

（一）铁观音

外形：条索肥壮，紧结或圆紧，结实沉重，枝身圆，梗皮红亮，枝心硬，枝头皮整齐，俗称“腰鼓筷”，叶柄宽肥厚，如“粽叶蒂”。叶大都向叶背卷起，色泽乌润，砂绿明显，红点鲜艳，称为“名胶色”（乌润）、“香蕉色”（翠绿）、“芙蓉色”（咖啡碱升华而滞留叶表呈粉白色）。

内质：香气浓馥持久，音韵明显，带有生人参味或花生仁味、椰香味，并带兰花香或桂花香；滋味醇厚鲜爽，回甘，稍带甜蜜味或水果酸甜味；汤色金黄、橙黄；叶底肥厚，柔软，黄绿色，红点、红边鲜明，叶面光亮，带波浪状，称为“绸缎面”，叶椭圆形，叶齿粗深，叶尖略钝，叶脉肥化，少量叶子叶上部叶脉向左歪，叶柄肥壮，叶底有余香，耐冲泡。

注：有部分铁观音品种，由于多代扦插等无性繁殖方法或土质、气候、管理等原因，叶形为略长的椭圆形，叶张稍薄，叶脉稍细，香气高强，但茶韵稍轻，被称为“长叶铁观音”，仍为观音品种。

（二）本山

外形：条索稍肥壮，结实，略沉重，枝身整齐，枝头皮结实，枝尾部稍大，枝骨细，红亮，称“竹仔枝”，色泽乌润，具青蒂、绿腹、红点现的“三节色”或香蕉色，砂绿较细。

内质：香气高强持久，略似观音香味，但韵轻淡，滋味鲜爽醇厚，带回甘，水色橙黄、清黄，叶底叶张略小稍长，椭圆形，叶比铁观音薄，叶尾稍尖，主脉略细稍浮白。

注：壮枞本山仿似老枞观音，但音韵轻，砂绿细。

（三）黄旦（黄金桂）

外形：条索细长尖梭，稍松弛，体态轻飘，梗枝细小，色泽黄楠色、翠黄绿色或赤黄绿色，带有黄色光泽，称为“黄、细、薄”。

内质：“香、奇、鲜”，香气高而芬芳，优雅奇特，似栀子花、桂花和梨香的混合香气；滋味清醇鲜爽，细而长，有回甘，适口提神；汤色清黄，叶底黄绿色，红边尚鲜红，叶张倒披针形，少量略呈倒卵形，叶薄叶齿浅，叶脉浮现。

注：部分黄旦，叶略圆厚，色绿黄，条结实，香气较低，但滋味醇厚。

（四）毛蟹

外形：条索结实，弯曲，螺旋状，枝头网形，头大尾尖，枝头皮少量不整齐，芽部有白毫显露，称为“白心尾”，色泽乌绿色，稍带光泽，砂绿细而不明显。

内质：香气高而清爽，清花味，或似茉莉花香，滋味清醇微厚，汤色清黄，叶底叶张椭圆形，叶齿深、密、锐，且如锯齿向下钩，似“鹦鹉嘴”，叶底叶脉主根稍浮，叶略薄，绿黄色，红边尚明。

（五）大叶乌龙

外形：条索肥壮、结实、沉重，梗壮枝长，叶蒂稍粗，梗身曲节，枝皮微紫，色泽乌绿稍润，砂绿粗带燥。

内质：香气高长、清醇，似栀子花味，或混合焦糖香味，滋味浓醇，微甘鲜，汤色清黄，叶底肥厚，叶脉略明，叶面光滑，叶长椭圆形，部分呈倒卵形。

（六）梅占

外形：条索肥壮紧结，叶形长大，枝壮节长，稍褐红色，色泽乌绿，微乌润，红点明显，砂绿粗带燥。

内质：香气粗浓，带香线味或带青辛味，滋味浓厚欠醇和，汤色橙黄、深黄或清红色，叶底叶身粗条稍挺，叶柄长、叶蒂宽、叶脉肥，叶长顺尖，叶齿浅锐。

（七）杏仁茶

杏仁茶又称“清水岩茶”。

外形：条形较紧结，略沉重，色泽乌绿色。

内质：香气较高长，有杏仁味，滋味清爽稍鲜，水色清黄，叶底长椭圆形，略厚，叶脉明显。

（八）凤园春

外形：肥壮紧结、色泽乌绿有鲜红点，砂绿明显。

内质：香气高长，有兰花香，滋味醇厚鲜爽，音韵轻，汤色金黄、橙黄，叶底椭圆形，肥厚软亮，主脉肥化，叶柄宽厚。

（九）佛手

佛手俗称香橼种、红芽佛手。

外形：条索特别壮，圆结，如牡蛎干形状，叶张主脉大，带褐红色，枝梗细小而光滑，色泽褐绿、乌绿，稍带光泽。

内质：香气清馥，稍带香橼味，滋味醇和甘鲜，汤色橙黄、深黄或清红色，叶底软亮黄绿，叶张圆润，略薄，如香橼形，波状明显，叶脉歪而浮凸。

（十）水仙

外形：条索肥壮长大，叶柄长，枝梗大而稍肥，有棱角，枝皮黄褐色，色泽乌绿带黄，也称黄宽扁，砂绿粗亮，带有“三节色”。

内质：香气清高细长，稍似水仙花味或棕叶味，滋味清醇细长略鲜爽，汤色深黄或清黄，叶底肥厚软亮，叶长稍呈波状，叶蒂润，叶齿稀深。

（十一）奇兰

外形：条索细瘦，稍沉重，有的稍尖梭，叶蒂小、叶肩窄，枝身较细，少量枝头皮不整齐，色泽黄绿色、乌绿色，微乌润，砂绿细沉不明显。

内质：香气清高，似兰花香，有奇香，有的似杏仁味，滋味清醇，稍带甘鲜，水色橙黄或清黄，叶底叶脉浮白，叶身头尾尖如梭形，叶面清秀。

奇兰可细分为多个品种，除上述一般性状外，还可细分为如下不同的品种特征：

①竹叶奇兰：香气高长带线香味，条索细长，枝头皮略不整齐，叶底叶张长椭圆形。

②慢奇兰：条索稍结实，稍沉重，叶圆小，节间短，色泽褐绿色，香气稍长似枣味。

③金面奇兰：似杏仁味，叶底叶面油滑有光泽。

④赤叶奇兰：条索稍长，色泽带赤黄绿色，香高长，似兰花味，滋味清醇。

⑤白奇兰：外形色泽带黄绿色，香气似兰花味，滋味醇和稍淡，叶底柔薄黄绿。

此外，还有青心奇兰、黄奇兰、早奇兰等品种。

（十二）乌旦

外形：条形较紧结，稍细长，色泽乌黄绿润。

内质：香气清高持久，滋味略醇厚鲜爽，汤色金黄、清黄，叶底稍厚，黄绿色，椭圆形或长倒卵形。

（十三）桃仁（乌桃仁）

外形：条索结实，略沉重，枝梗整齐光滑，枝弯曲处带皱节，色泽乌绿润，砂绿细稀，不明显。

内质：香气高稍强，似桃仁味，滋味醇和稍厚，汤色清黄或深黄，叶底软亮，椭圆形，叶扁大，叶面稍有波状，叶脉明显，叶蒂尚阔。

注：白桃仁，色泽稍黄绿色，叶张略薄，其他特征与乌桃仁相似。

（十四）白茶

外形：条索紧结略长，色泽黄绿。

内质：香气清长，汤色清黄，滋味醇和略鲜爽，叶底黄绿。

（十五）肉桂

外形：条索细小紧结，枝梗短细，色泽乌绿润。

内质：香气清长，微带生姜味或肉桂味、桂皮香，滋味醇和细长，带鲜爽感，汤色清黄或浅黄，叶底枝细叶小，椭圆略有波纹，叶脉浮，叶齿细浅。

（十六）雪梨

雪梨俗称“毛猴”。

外形：条索结实稍瘦，芽毫显露（称门心尾），枝圆头大尾尖，色泽乌绿略润，砂绿略明显。

内质：香气高长，带雪梨香味，滋味清醇鲜爽，汤色清黄、浅黄，叶底软亮，叶张椭圆形，叶略厚，枝较细，叶齿粗深锐。

二、武夷岩茶鉴赏

（一）大红袍

武夷山大红袍被誉为“茶中之王”，居武夷岩茶“名丛”之首，享誉海内外。大红袍品质优异的形成离不开得天独厚的地理环境，其生长在武夷山九龙窠岩石峭壁上，这里日照短，多反射光，昼夜温差大，岩顶终年有细泉浸润流淌。

大红袍特征：干茶外形条索紧结、壮实、稍扭曲，色泽褐绿、润、带宝色，汤色橙黄至橙红，清澈亮丽，滋味醇厚回甘岩韵明显，杯底有余香，香气锐浓而悠长，耐泡，叶底软亮匀齐，带砂色或具红绿相间的绿叶红镶边，用手捏有绸缎般的质感。陈茶汤色更红艳。

（二）水仙

水仙是武夷岩茶中的一个当家品种。武夷山景区由于其得天独厚的自然环境，促使水仙品质更加优异。水仙茶树树冠高大，叶宽而厚，成茶外形肥壮紧结有宝光色，冲泡后带兰花香，浓郁醇厚，汤色深橙，耐冲泡，叶底黄亮带朱砂边，为武夷岩茶中的传统珍品。

水仙有数百年的栽培历史，目前是武夷岩茶中产量最高、流行最广的品种之一。水仙是大叶型品种，干茶条索粗壮肥硕，芳香悠长，香浓而不腻，淡而幽雅，香醇持久，极为耐泡。根据加工工艺分为轻火水仙、中火水仙、足火水仙等，根据采茶季节分为春茶水仙和冬片水仙两种，因求品质，一般只作春茶，冬茶产量较低。

据说水仙品种原产于福建建阳水吉的祝仙洞，约在光绪年间传入武夷山，栽培至今有一百多年的历史，是武夷山岩茶栽培面积最多的品种之一，几乎遍布武夷山所有的茶场。但在众多的山场中，以三坑两涧的正岩水仙品质最佳，其次为武夷山景区内的水仙，外山茶场的水仙也能制出优良品质。

春茶水仙：从外形上看，水仙易于辨别，其干茶条索肥硕曲长，长短较均匀，有蜻蜓头。色泽呈青黑褐色，乌绿、润、带宝光。茶汤淡者金黄，深者橙黄如琥珀色。茶味味醇鲜活，香气醇厚，入口甘爽且回甘快。叶底肥厚软亮，色泽均匀，绿叶红边，叶背常现沙粒状（蛤蟆皮）。轻火和中火的水仙不宜长年久放，高足火放置时间可稍长些。因为茶性在不断变化，时间越长，香气越弱，但茶汤仍会醇和。为保证品质，储藏条件尤其重要，需密封、干燥保存。

冬片水仙：汤色较浅，通常做成清香型，与春茶水仙相比，味略薄，香气清鲜。干茶条索肥硕曲长、青黑褐色、乌绿、润、带宝光。叶底色泽均匀，绿叶红边，软亮，叶背常现沙粒状（蛤

老枞茶树兜

蟆皮）。

老枞水仙：茶树枝干上青苔明显，有“枞味”，即腐木味、棕叶味、青苔味。

（三）肉桂

肉桂的香气滋味似桂皮香。肉桂虽是近年才出名，但长期以来位于武夷名丛之列，有悠久的历史，清代的蒋衡茶歌中就提起过它。肉桂产于武夷山境内著名的风景区，最早是武夷山慧苑坑的一个名丛，另一说是肉桂原产在马枕峰。在20世纪40年代初期，肉桂虽已引起人们的注意，但由于当时栽培管理不善，树势衰弱，未得以重视和繁育。从20世纪60年代初期起，由于人们在单丛采制中对武夷肉桂优异的品质特征有新的认识，才逐渐开始对之进行繁育并扩大栽种面积。通过多次反复的品质鉴定，至20世纪70年代初，该品种高产优质的特性才被肯定，它才逐渐得到更多茶人的肯定和青睐。现肉桂种植区已发展到武夷山的水帘洞、三仰峰、马头岩、桂林岩、天游岩、仙掌岩、响声岩、百花岩、竹窠、碧石、九龙窠等地，肉桂已成为武夷岩茶中的主要品种之一，如牛栏坑肉桂叫“牛肉”、马头岩肉桂叫“马肉”等。

肉桂外形条索匀整卷曲，色泽褐禄，油润有光，干茶嗅之有甜香，冲泡后茶汤具桂皮香，入口醇厚回甘，咽后齿颊留香，茶汤橙黄清澈，叶底匀亮，呈淡绿底红镶边，冲泡六七次仍有“岩韵”的肉桂香。

（四）四大名丛

1. 白鸡冠

白鸡冠是武夷山四大名丛之一，是仅见的发生叶色变化的品种。茶树新芽呈嫩黄色，叶片为淡绿色，而绿叶边上有的带有白色覆轮边，有的在叶面上有不规则的白色斑块，这种叶面颜色的变化，使白鸡冠更加珍奇。

从外形上看，白鸡冠条索紧实细长，色泽黄褐中泛红，色彩丰富，在岩茶诸多名丛中最为艳美。汤色橙黄明亮，滋味清醇甘鲜。叶底呈淡黄色，红边艳丽而明亮，在岩茶中极为少见，增加了观赏性。此茶火功不高，独显清甜柔媚的女性之美，与“岩骨花香”特色不同。

2. 铁罗汉

铁罗汉是武夷传统四大珍贵名丛之一。铁罗汉不仅名字有厚实感，滋味更有厚度。铁罗汉的原产地，一说是慧苑岩的内鬼洞（蜂窠坑），又一说为竹窠岩。

从外形上看，铁罗汉干茶条索粗壮紧结匀整，色泽乌褐油润有光泽，呈铁色皮带老霜（蛤蟆背）。汤色明澈浓艳，滋味浓厚带甘，香气馥郁。叶底软亮匀齐，叶肥软，绿叶红镶边，红边带朱砂色。

若以白鸡冠作为一种女性的阴柔之美，那么铁罗汉恰恰展示出一种男子的阳刚之气。

3. 水金龟

干茶色泽绿褐，条索匀整，乌润略带白砂，具有“三节色”，是一款火功不错的岩茶。汤色橙红，晶莹剔透。初闻盖香，便觉一股水蜜桃的香气沁人心脾；口感滑顺甘润，滋味鲜活。三四泡后水蜜桃香减弱而乳香渐显，两种香型相互转化，七八泡后，则完全变为乳香。根据加工技术不同，水金龟的香型还有蜡梅香、兰花香等。叶底非常鲜嫩软亮，红边明显。

4. 半天腰

半天腰原产于武夷山三花峰绝对崖上，20 世纪 80 年代后扩大栽培，目前主要分布在武夷山内山之中。

从外形上看，半天腰条索紧结，干茶色泽青褐。汤色呈黄略偏红色。香气高爽，滋味浓醇甘鲜，有水中香。叶底软亮，红边明显，呈三红七绿状。

半天腰的特征在武夷山岩茶的名丛里不明显，它既无铁罗汉的厚重，也无白鸡冠的柔媚，更没有水金龟的珍奇。

三、潮州乌龙茶鉴赏

（一）宋茶

宋茶位于海拔 1150 米的乌岽管区李仔坪村的茶园里，生长在坐西南朝东北的山坡上，是南宋末年村民李氏经选育后传至今天，故得名。该树种奇、香异、树老，名字也多变。初因叶形宛如团树之叶，称为团树叶。后经李氏精心培育，叶形比同类诸茶之叶稍椭圆而阔大，又称大叶香。1946 年，凤凰有一侨商于安南（今越南）开一茶行，出销这一单丛茶时，以其生长环境之稀有、茶味香的特点，将其取名为“岩上珍”。1956 年，经乌岽村生产合作社精工炒制后，茶中带有栀子花香，遂更名为“黄枝香”。1958 年，凤凰公社制茶四大能手带该成品茶前往福建武夷山交流，用名为“宋种单丛茶”。1959 年，“大跃进”时期，为李仔坪村民兵连高产试验茶，故又称“丰产茶”。1969 年春，因“文革”之风改为“东方红”。1980 年，农村生产体制改革后，此茶落实为村民文振南管理，遂恢复宋种单丛茶之名，简称宋茶。

2008 年 5 月的宋茶

1990年，因树龄高、产量高、经济效益高而为世人美称为“老茶王”。同年10月30日，在全国茶叶优质、高产、高效益经验交流会上，来自17省市的80多位代表观赏该树，赞叹不已，“老茶王”之名当之无愧。

该树系有性繁殖株，树龄达700年，树高5.8米，树姿半开张，树冠6.5米×6.8米。1963年春，采摘青叶70多斤，制成干茶17.8斤，为历史最高产量。其茶品具有“四绝（形美、色翠、味甘、香郁）”的特点，深受人们欢迎，因而驰名古今中外，实为乌岽山一宝。该古茶树因年老根系差，且受多年自然灾害、冰雪、霜冻等叠加因素影响，于2016年枯死。现该古茶树被制成标本珍藏于潮州凤凰单丛茶博物馆内。

品质特点：宋茶丛属于黄枝香型，内质香气浓郁，花香明显，汤色金黄，滋味甘醇，回甘强，老丛韵味突出，叶底软亮，绿腹红边。

（二）宋种2号

宋种2号，又名宋种仔单丛。系乌岽管区中心寅村的老宋茶大草棚单丛（1928年枯死）自然杂交的后代，故得名。宋种2号生长于海拔950米的凤凰大庵村村后的茶园里，在坐西南朝东北的山坡上。

该树树高5.56米，树姿开张，树冠5.6米×6.5米，主干因客土后栽植较深，不明显，接近地面有六大分枝，分枝密度中等。叶片上斜状着生，叶形长椭圆，叶面平滑，叶色深绿有光泽，叶质中等，叶身平展，叶尖钝尖，叶缘微波状，叶齿细、浅、钝。育芽能力较强。春芽萌发期在春分，春茶采摘期在谷雨后，发芽密度较密，芽色浅绿，有少量茸毛。盛花期在11月中旬，果实多为2籽。

品质特点：宋种2号属黄枝香型，条索紧卷、壮直，色泽黑褐油润。具有橘子花香，香气高锐，汤色橙黄明亮，滋味醇厚鲜爽，山韵味浓且持久，回甘强，耐泡。

（三）棕蓑挟单丛

棕蓑挟单丛，又名通天香、一代天骄、主席茶。

大庵宋种2号单丛茶干茶

大庵宋种2号单丛茶茶汤

大庵宋种2号单丛叶底

传说 150 多年前，乌岽村中心寅村有一位三姑娘，一天，在她采茶期间，骤雨倾盆而至，她便使用防雨具棕蓑包挟茶篮，保护采摘下的茶叶。回家后，她精工制作出形、色、香、味俱佳的单丛茶，卖了一个好价钱。她制作出的这一款好茶，博得人们的称赞，故成品茶和该茶树得名“棕蓑挟”。1952 年，乌岽楚地厝村人文永集领到土改队分给他的茶园和山林，其中就有“棕蓑挟”单丛；1955 年春茶季节，他把“棕蓑挟”的鲜叶精工制作成茶，茶香十分浓郁，故称“通天香”。这位翻身的茶农说：“饮水要思源，俺翻身不忘共产党、毛主席，我要感谢恩人毛主席！”因此，他精选了两斤通天香单从茶寄给毛主席。1955 年 12 月 28 日，文永集收到毛主席委托党中央办公厅秘书室寄发的一封信。故此，茶农们又把“通天香”单丛茶改名为“主席茶”。“文革”期间该茶被称为“一代天骄”。

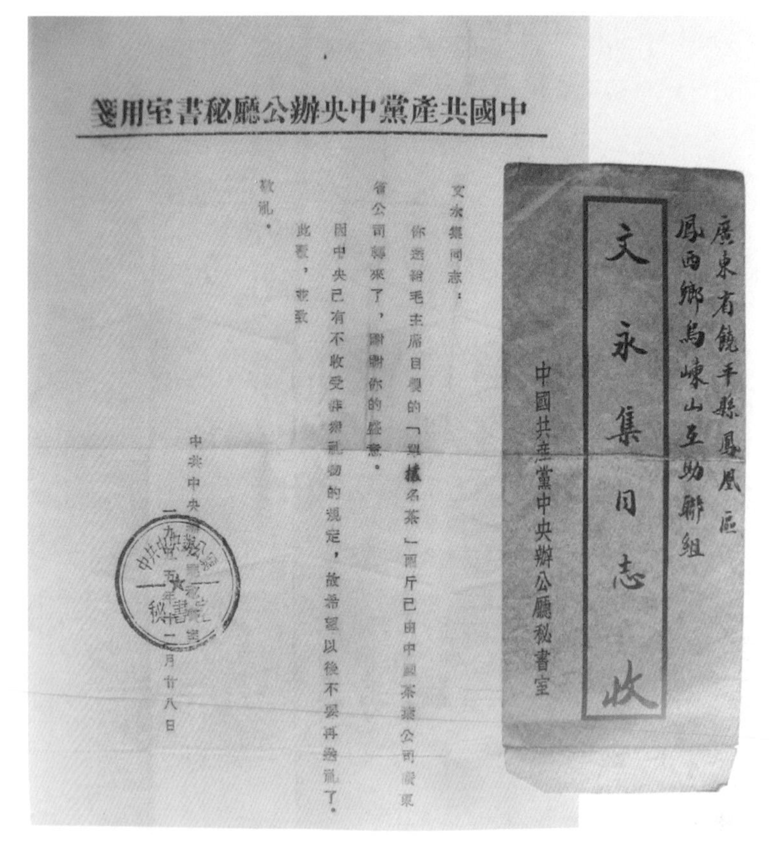

中國共產黨中央辦公廳秘書室用箋

文永集同志：

你送給毛主席自製的「烏崠名茶」兩斤已由中國茶葉公司廣東省公司轉來了，謝謝你的盛意。

因中央已有不收受群眾禮物的規定，故希望以後不要再寄禮了。

此覆，並致

敬禮。

中共中央辦公廳秘書室
一九五五年十二月廿八日

廣東省饒平縣鳳凰區
鳳西鄉烏崠山互助聯組
文永集同志收
中國共產黨中央辦公廳秘書室

送给毛主席单丛茶后，中共中央办公厅的回信

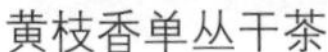
黄枝香单丛干茶

黄枝香单丛茶汤

黄枝香单丛叶底

品质特点：棕蓑挟单丛属黄枝香型。内质香气高锐，花香明显，汤色橙黄明亮，滋味甘醇爽适，回甘强，叶底软亮带红镶边。

（四）八仙单丛

八仙单丛，原名八仙过海。其得名的由来是：1898年，乌岽李仔坪村茶农从去仔寮村（1956年改名为垭后村）取回大乌叶单丛的枝条进行扦插，经精心培育，成活8株茶苗，分别栽种在地理环境不同的茶园里。这8株茶树长大后，除树形有差异外，其他都保持了原母树的优良种性，因而被称为“去仔寮”种。1958年凤凰茶叶收购站站长尤炳回同志等一班人视察这8株“去仔寮”种。茶农介绍，这8株茶树在同一季节、同一时间采摘，制出来的茶质量一模一样。尤炳回同志听后，感慨地说：“犹如八仙过海，各显神通一样。”故此，改“去仔寮”种为八仙过海，后简称为八仙单丛。

品质特点：八仙单丛茶属芝兰香型。内质香气高锐，浓郁持久，兰香显露愉悦，汤色金黄明亮，滋味醇厚鲜爽微甜，韵味独特，香味相融，味中含香，回甘强，叶底软亮带红镶边。

八仙单丛茶干茶

八仙单丛茶茶汤

八仙单丛茶叶底

（五）鸡笼刊单丛

鸡笼刊单丛，因树姿形态似农家关鸡之笼（“刊”俗话为围罩、关牢之意），故得名。母树生长在海拔 831 米的凤西管区中坪村的茶园里；是管理户张世民的先祖从凤凰水仙群体品种的自然杂交后代中单株培育出来的，据说树龄有 300 多年。

茶树特点：树高 4.87 米。开张的树姿宛如鸡笼之形，树冠 5 米 ×2.1 米，分枝密度较疏。叶片上斜状着生，叶形长椭圆，叶尖渐尖，尖端下垂或弯曲。叶面微隆，叶身平展，叶质硬脆，叶色深绿，主脉明显，叶齿细、浅、利，叶缘微波状。在春分后萌发，春茶采摘期在谷雨前后。盛花期在 11 月下旬，花量少，果实内含 2~3 籽。

品质特点：鸡笼刊单丛茶属芝兰香型。内质香气清高悠长，兰香高雅，汤色金黄明亮，滋味醇厚爽滑，韵味浓厚，叶底软亮带红镶边。

（六）岭头白叶单丛

岭头白叶单丛，因叶色浅绿（茶农俗称为白）而得名。又因成茶具有蜜味和兰花香，又称为蜜兰香。

白叶单丛原产于乌岽山大坪村。1956 年饶平县浮滨区岭头村从凤凰区凤西乡大坪村引种 30 亩实生苗。1961 年发现其中一株茶树的新梢生长具有早、齐、匀的特点，且叶色黄白清秀；经过 3 年的试制，质量达到单丛级别的水平，故称为岭头白叶单丛。由于该种属特早芽，年采摘轮次多，易制作，香型好，经各地大力扦插，大力推广种植，成为凤凰单丛茶主要当家品种。1988 年 12 月，白叶单丛被广东省农作物品种审定委员会认定为省级优良品种，并在全省茶区推广。

现记录的白叶单丛茶树是 1989 年栽种的。树高 1.47 米，树姿开张，树冠 1.12 米 ×1.07 米。叶形长椭圆，叶面微隆，叶色绿，叶身内折，叶质柔软。主

芝兰香单丛茶干茶

芝兰香单丛茶茶汤

芝兰香单丛茶叶底

蜜兰香单丛叶底

脉明显，叶齿粗、浅、利，叶缘波状。制乌龙茶，品质特优，有“微花浓蜜”的韵味，滋味醇爽回甘，汤色橙黄明亮；制红茶、绿茶滋味浓郁，香气高扬，有特殊香味。扦插繁殖能力强。

品质特点：岭头白叶单丛茶属蜜香型，成茶条索紧卷、壮直、硕大，呈鳝鱼色，油润。初制茶具有自然的玉兰花香，汤色橙黄明亮；精制茶蜜味浓，滋味浓醇带有苹果香味，汤色金黄明亮，耐泡。如果在碰青过程中，偶尔碰到气温、湿度骤变或者人为的作用，成茶会变成黄枝香型。

四、台湾乌龙茶鉴赏

台湾乌龙茶品种多样，以品种、制作方法和地域为考虑因素，文山包种茶、冻顶乌龙茶、高山乌龙茶、木栅铁观音、东方美人茶等几种茶深受欢迎。

文山包种茶

（一）文山包种茶

适制品种以青心乌龙最优，四季春、台茶12号（金萱）、台茶13号（翠玉）、台茶14号（白文）等品种亦佳。黄心乌龙、台茶5号、青心大冇、红心大冇、大叶乌龙、红心乌龙和硬枝红心等品种次之。

文山包种茶属轻萎凋轻发酵茶类，不论是加工层次，还是加工手法，制茶师傅都是小心翼翼，轻手轻脚，让文山包种茶大部分的成分未被氧化，使其风味介于绿茶与冻顶乌龙茶之间。包种茶盛产于台湾北部的新北市和桃园等县，包括文山、南港、新店、坪林、石碇、深坑、汐止等茶区。以文山包种茶为最佳，南港包种茶次之。第一次品尝优质的文山包种，往往会因为其特殊风味而留下深刻的第一印象。

茶外观：呈条索状，色泽墨绿，泡开后嫩叶金边隐存，叶片上带有似青蛙皮的灰白点色泽。

茶汤色：蜜绿鲜艳带金色，以亮丽的绿黄色为佳。

茶滋味：味醇鲜活，入口生津，喉韵持久。

茶香气：香气是评价文山包种茶质量好坏的重要指标，花香明显，优雅清扬。

（二）冻顶乌龙茶、高山乌龙茶

适制品种以冻顶乌龙茶最优，台茶12号、台茶13号、台茶14号等品种亦佳。

高山乌龙茶主产于南投县和嘉义县，其茶叶具有高香、浓味的“高山茶的特征”；而冻顶乌龙位于南投县鹿谷，是台湾炭焙乌龙茶最有名气、产地最大的茶种，台湾茶业界素有“北文山、南冻顶”的说法。高山乌龙茶和冻顶乌龙茶的区别主要在于茶树所处海拔不同，制茶方法和成品质量的呈现则大同小异，只是高山乌龙茶的整体质量要优于冻顶乌龙茶。

茶外观：叶形如半球形状；以色泽翠绿、茸毛多，节间长，鲜嫩度好且条索肥硕、紧结，白毫显露为佳；叶色黄绿少光。因干茶绿、汤色金黄明亮、叶底绿、茶底柔软，深受消费者青睐。

茶汤色：金黄色，澄清明亮见底，带油光。

茶滋味：滋味浓醇，嫩香回甘，富活性且有喉韵，耐冲泡。

茶香气：幽雅花香突出且高扬、持久。

（三）木栅铁观音

适制品种有铁观音茶树，也有武夷、梅占等品种。

好的茶青、好的制茶师傅做出的木栅铁观音，最大的特色是带有一种明显的韵味，称“观音韵”。“观音韵”，是用铁观音茶种，配合长时间炭火烘焙，使火香与茶香结合而形成的特有风味。

茶外观：以条索卷曲壮结呈球状为佳，叶显白霜，色泽墨绿带黄为上品。

茶汤色：未经焙火或轻焙的呈黄色至橙红，中焙火或重焙火的呈橙红至棕红，茶汤色泽明亮可见杯底，茶汤表面有油亮般的光泽。

茶滋味：味浓而醇厚，微涩中带甘润，喉韵强，并有醇和的弱果酸味，经多次冲泡仍芳香甘醇而有回韵。

茶香气：呈兰花香、桂花香、熟果香味与蜜糖香，香气浓郁持久。每个茶农做出的茶叶各具特色，从熟香、冷香到黏杯香，极富变化。

台湾高山乌龙茶干茶

宜兰平地茶园的陈年铁观音

台湾铁观音干茶

（四）东方美人茶

适制品种以青心大冇、青心乌龙、白毛猴、台茶5号、台茶17号（白鹭）、硬枝红心等为佳，台茶12号、大叶乌龙、红心大冇与黄心乌龙等品种次之。

因其茶芽白毫显著，得名白毫乌龙茶。又因其售价高达一般茶价的13倍，也称椪风茶、膨风茶（闽南语及客家语中的膨风、椪风就是吹牛之意，此处意指价格虚高）。因其外销英国后，从外形到其特殊的蜜香果味大受肯定，又被称为东方美人茶、台湾香槟。其茶大部分生长在新竹峨眉乡、北埔乡、横山乡及竹东镇一带和苗栗的头屋、头份、宝山、老田寮、三湾一带，桃园龙潭等地亦有部分生产，其中以新竹东方美人茶的质量为最优。

茶外观：以白毫肥大，枝叶连理，叶部呈白、红、黄、绿、褐相间，颜色鲜艳者为上品。

茶汤色：呈琥珀色，以明亮艳丽橙红色为佳。

茶滋味：圆柔醇厚，入口滋味浓厚，甘醇而不生涩，过喉滑顺生津，口中回味甘醇。

茶香气：以闻之有天然熟果香、蜜糖香、芬芳怡人者为贵。

东方美人茶汤

第六篇

工夫：乌龙茶之冲泡

一、乌龙茶茶具

（一）现代工夫茶具

对于冲泡乌龙茶来说，瓷质茶具以白为宜。其优点在于方便观赏茶汤色泽；形制上以小盖碗为宜，以便刮沫出汤，观察叶底。紫砂以俗称“一把抓”的小壶为宜，其特点是透气、保温、保味。天寒时可置掌中把玩，以增加品茶情趣。

乌龙茶的冲泡，最宜用工夫茶冲泡法，因此最宜使用工夫茶具。

工夫茶具的最基本组合如下：

茶壶或盖碗

用于冲泡茶叶，可备大中小三款。大款容量200毫升以上，供多人饮用；中款容量100～200毫升，可供4～6人饮用；小款容量100毫升以下，供2～3人饮用。一般情况下，中、小两款足矣。

小茶盅

用于品饮。可备3～8个。多为半圆形，大小如鸡蛋，故又称为“蛋壳盅”。也有形若倒放竹笠状、钟状的。

公道杯

又称茶海。用于盛容茶汤、分茶用。状如稍大杯子，一端有开口沟，用于注汤。

茶盘

又称茶托。用于置放茶具，并有装盛洗茶水、剩余茶汤之用。

抹巾

用于随时擦拭桌上的茶渍和漏水。

随手泡

烧开水用。目前市场上常见的多为电热式和电磁式。也有以

传统工夫茶洗，一正二副

酒精为燃料的。至于传统的炭炉，则极罕见。

其他器具

有用于取茶叶的茶匙，用于夹茶盅的茶镊，用于清理茶底的茶刮等，可备，亦可省略。

因地域习俗原因，工夫茶具有数种形式。一是潮州式：传统的潮州工夫茶具，一般需备一把紫砂壶、三只杯，以“孟臣罐，若深杯”为佳。三只浅盘，一只放（罐）壶，一只放杯，一只装茶底废水。另需一水壶。烧水则用红泥炭炉，以橄榄核炭为佳（但现在多以电随手泡替代）。二是台湾式：其最大特点是除必备壶、杯外，每只茶杯均配一小圆筒状的“闻香杯”，以及一只放置茶杯的小盘。三是闽南式：介于潮州式与台湾式之间。多用德化白瓷盖碗冲泡，组合较为自由。

目前市场上所见的工夫茶具，多为配套出售，当然也有单独出售的，档次高低不一。一般来说，选择工夫茶具，首在实用，次在美观。外形以简朴雅致为佳。不宜形制太繁，颜色太艳。壶则注意出水通畅，不可漏水；杯则注意内壁白净，放置平稳；电随手泡则注意要能自动调控温度，以免沸腾过度。档次高低则视个人爱好及经济状况，量力而行。总之，要冲泡好乌龙茶，就要本着“工欲善其事，必先利其器”的原则，用一点心思，选择好一套适合使用的茶具。

茶台
茶盘
潮州工夫茶四宝
潮州手拉朱泥壶
盖瓯
红泥炉
泡茶器
品茗杯
生火铜器套件
（从左到右为铜锤、铜铲、
小铜钳、铜火箸、大铜钳）
砂铫
水砵
水瓶
锡茶罐
羽扇

茶具

（二）简易茶具

对于许多初饮乌龙茶的消费者来说，最简单的工夫茶具也许都会让他们觉得太复杂。此外，对于大多数城市白领工薪族来说，由于生活节奏紧张，或者上班制度约束，事实上没有可能在办公室里摆上一套工夫茶具，慢慢地来泡茶的。但这并不意味着因此就不能泡工夫茶了。其实，使用简易茶具也是可以泡好茶的。

现在市面上简易茶具很多，比较常见的有：

三才杯

这种杯子就是普通直筒茶杯中加配一个过滤网。多为瓷质，也有紫砂质、玻璃质的。

飘逸杯

这种杯是台湾人发明的，外观比较时尚。基本样式与三才杯一样，直筒状，加一个过滤器。不同的只是以钢化玻璃作材料，过滤器上加上一个钢珠控水设施。茶叶置于过滤杯中，泡好后按一下控水钮，泡好的茶汤便流入杯中，倒出品饮即可。

过滤壶

这种壶相对来说较大，圆球状，不锈钢、玻璃组合或塑料、玻璃组合。近年来也有陶瓷质的。内有一过滤网，适合多人饮用。将茶叶放壶内过滤网中，冲下沸水，数分钟后即可出汤，倒入小杯中供主客齐饮。选择这种壶时需注意最好用不锈钢质或瓷质的，特别要注意的是过滤网，一定要选用优质不锈钢所制的。一些低档壶中的过滤网是铁质的，极易生锈，不宜泡茶。

二、闽南乌龙茶冲泡

闽南乌龙茶的冲泡与品饮十分讲究。平常泡饮以盖杯冲泡为主，北方人习惯以紫砂壶或瓷壶冲泡。

（一）盖瓯的冲泡与品饮

清具

冲泡乌龙茶要采用高热冲泡法，因而在泡茶前，先将沸水注满盖瓯，再用茶夹将茶杯逐个夹入盖瓯中烫洗，并对茶海、湿漏勺等也淋洗一番，这样不仅可以保持茶具的清洁，还可提高茶具的热度，使茶叶冲泡后的温度相对稳定。

置茶

市场上销售的盖瓯的大小一般有三种规格。大的可注水 150 毫升，中的可注水 110 毫升，小的仅 80 毫升。茶叶的用量，因人而异，可根据个人的饮茶习惯而增减。一般来讲，大的盖瓯可置茶 10 克，小的为 5 克。安溪人使用较多的是容量为 110 毫升的盖瓯，一般置入

7 克茶叶。

热茶

提取开水冲入置茶的盖瓯中，立即将水倒出，既可洗去茶叶中的浮尘，又可提高茶叶的温度，有利于冲泡出茶叶的本质。

冲泡

提取刚煮沸的开水（100℃），顺势冲入置茶的盖瓯中（茶艺表演追求艺术美感，故采用悬壶高冲法，使茶叶随开水在杯中旋转，而生活中并不提倡，它会使水温降低，不利于冲泡出茶叶本质），直至水满至瓯沿，用盖刮去泡沫，再冲去盖上的泡沫，顺势盖上瓯盖。第一道冲泡时间约为 2 分钟，由于茶叶的紧结度、老嫩度不同，故冲泡时间不能强求一致，安溪人冲泡铁观音时第一道的掌握度一般为：待盖瓯沿上的水吸入盖下时，冲泡的时间就到了。

品质好的乌龙茶，泡十余次还有余味，但冲泡的时间随着次数的增加，要相对延长，使每次茶汤的浓度基本一致，便于品饮鉴赏。

闻香

手持盖瓯的盖闻香。闻香时应深吸气，整个鼻腔的感觉神经可以辨别香味的高低和不同的香型。

斟茶

盖瓯的斟茶方法与泡茶一样讲究。标准的方法是，拇指、中指扣住瓯沿（如扣在瓯壁将会烫手），食指按住瓯盖的钮并斜推瓯盖，使盖与杯留出一些空隙，再将茶汤冲入茶海中（将茶汤倒入茶海而不直接倒入小茶杯中，追求的是茶汤浓淡的一致）。如果将茶汤直接倒入小茶杯中，则讲究低走回转式分茶，称为“关公巡城”。注意要将盖瓯中的最后几滴茶汤全部倒出，称为“韩信点兵”。

敬茶

将置于茶海中的茶汤依次倒入小茶杯中，奉予客人品饮。如敬奉第二道茶，要重新洗杯。

品饮

品饮乌龙茶时，要眼端详细观其色，鼻轻吸先闻其香，嘴微开品饮其味，口轻含再尝其韵，喉徐咽细怡其情，浑然忘我，如入仙境，以期达到精神上的升华。

品饮乌龙茶的能力需经过反复实践才能提高，直至精通。要经常与有经验的茶友交流，也可以通过多泡茶叶的同时冲泡，细心比较，从而加快提高品茶能力，灵敏地感受不同茶叶的风韵。

（二）紫砂壶的冲泡程序

温壶

取开水冲淋茶壶，提高茶壶的温度。

置茶

置茶的常用量一般为 7 克，如茶壶的容量较大，可以适当增加。

润茶

注入沸水，短时间内将壶内的水倒出，使茶叶吸收温度和湿度，呈含苞待放的状态。

冲泡

对壶注入滚烫的开水，冲水后要抹去茶壶上涌起的泡沫，盖好壶盖后还要在壶外重淋开水加温。时间一般亦为2分钟，然后将茶汤倒出。

倒茶与品饮

方法与盖瓯相同。

三、武夷岩茶冲泡

武夷岩茶是闽北乌龙茶的代表，适合用盖碗和紫砂壶冲泡。

（一）武夷岩茶的生活泡法

武夷岩茶的冲泡，别具一格。“杯小如胡桃，壶小如橼，每斟无一两，上口不忍遽咽，先嗅其香，再试其味，徐徐咀嚼而体贴之。”开汤第二泡，茶味才显露。茶汤的气自口吸入，从咽喉经鼻孔呼出，连续三次，所谓“三口气”，即可鉴别岩茶上品的气。更有上者“七泡有余香”。武夷岩茶香气馥郁，胜似兰花而深沉持久，滋味浓醇清活，生津回甘，虽浓饮而不见苦涩。茶条壮结、匀整，色泽青褐润亮呈“宝光”。叶面呈蛙皮状沙粒白点，俗称“蛤蟆背”。泡汤后叶底“绿叶镶红边”，呈三分红七分绿。

冲泡流程：准备乌龙茶器具—烧水—温杯—投茶—冲水—刮沫（或淋壶）—出水—分茶—奉茶—品茶—重复多次（冲水—出水—分茶—品茶）。

品鉴程序：赏茶，闻香，观汤色，品味，看叶底。

茶具

在泡茶所使用的器具上，紫砂和白瓷为好，其中以白瓷盖碗最为实用，价廉物美易清洗，容器大小以110毫升最为理想，适合独饮或与二三好友共品。

择水

选用饮水机或选购一套净水系统，泡茶频率不是很高的茶友可以将净化物放入随手泡或暖水瓶中，以解决身处都市的茶友喝茶用水洁净度与软硬度的问题。

投茶量

投茶量与个人的口感有关，不能一概而论，投茶量参考值为110毫升的盖碗里放5～10克岩茶，可以根据个人口感做相应的调整，找出最适合自己的投茶量。

水温

岩茶的冲泡温度要达到100℃，如果是用随手泡，可以开到手动挡，水沸再冲泡，水温对岩茶的影响最大。

冲泡技巧

岩茶的冲泡讲究的是高冲水低斟茶，目的是为了让所投的岩茶充分浸泡；每泡茶出水一定要彻底，不留尾水，否则留下的茶汤会影响下一泡的茶汤。

浸泡时间

头泡洗茶的出水要快，这一泡的浸

泡时间不宜超过 10 秒，5 秒内出水为佳，否则就会对岩茶香气的表现产生不良的影响。不同品种的岩茶浸泡时间不同，通常清香型岩茶不适合长时间的浸泡，一般前 4 泡的浸泡时间不宜超过 30 秒；熟香型岩茶的浸泡时间可以略长一些，但也不要超过 60 秒。这里所说的是日常生活中的冲泡时间，与审评时的要求不同，请勿套用。

武夷岩茶的冲泡，第一泡注水毕，可轻放杯盖；第二泡后，可挪用杯盖，轻压茶面，催促茶汤“出味”。只是这种泡法，必须是熟稔盖杯者，才能泡得顺手，才能泡出岩韵。同时，把盖杯给茶友闻，闻时应有两段闻法：初闻茶，再闻韵。勤加练习闻茶香，熟能生巧，一闻就知道其茶种的制法及烘焙火候，这也是泡茶的基本功。使用盖杯泡茶，在泡完最后一泡时，应闻茶渣。武夷岩茶茶渣的叶形、叶面亮度，都关系到茶质。不妨多多嗅闻，在余香和水味两者之间，找出对味关系。好的岩茶渣冷却后，仍会散出冷香，就像空谷飘来的凉意，叫闻茶者心凉脾开；反之，焙火重的，若不是岩茶而是洲茶，冷香不足，有时水味会压过香味。

武夷岩茶品鉴重点是闻香、品味，闻香是通过鉴赏干香、盖香、水香和底香来综合品鉴武夷岩茶的香气，品味主要是品其滋味的纯正度、醇厚度、持久性、品种特征、地域特征和工艺特征以及不同的品质风格。

（二）武夷岩茶审评泡法

武夷岩茶审评分干评外形和湿评内质。使用 110 毫升钟形杯和审评碗，冲泡用茶量为 5 克，茶与水比例为 1:22。审评顺序：外形—香气—汤色—滋味—叶底。从外形上看，武夷岩茶以干茶条索粗壮、色砂绿为佳。内质是更为重要的审评内容，具体审评步骤如下：先烫热杯碗，称茶 5 克，置 110 毫升钟形杯中，注入沸水，旋即用杯盖刮去液面上的泡沫，加盖，1 分钟后揭盖嗅其盖香，评茶之香气；2 分钟后将茶倒入碗中，评其汤色和滋味，并嗅其茶香。再注满沸水冲泡第二次，2 分钟后，揭盖嗅其香，对照第一次盖香的浓度与持久度；3 分钟后，将茶汤倒入碗中，再评汤色和滋味，并嗅其叶底香气。接着第三次注入沸水，3 分钟后嗅其盖香，5 分钟后将茶汤倒入碗中，评其汤色滋味和叶底香气。最后将叶底倒入叶底盘或杯盖中评其叶底，并用清水漂洗，评其叶底老嫩软硬和色泽，以及是否具有绿叶红镶边外观。

岩茶审评以内质香气和滋味为主，其次才是外形和叶底，汤色仅作参考。评香气是主要分辨香型、细粗、锐钝、高低、长短等。以花香或果香细锐、高长的为优，粗钝、低短的为次。汤色有深浅、明暗、清浊之别，以橙黄清澈的为好，橙红带浊的为差。滋味以浓厚、浓醇、鲜爽回甘者为优，粗淡、粗涩者为次。叶底比厚薄、软硬、匀整、色泽、做青程度等，叶张完整、柔软、厚实、色泽明亮的为好，叶底单薄、粗硬、红点暗红的为差。

四、潮州工夫茶冲泡

在潮州饮食文化中，工夫茶可以同潮州菜比肩齐名。潮州工夫茶艺入选第二批国家级非物质文化遗产代表性名录：1014X-107，茶艺，广东省潮州市（潮州工夫茶艺）。许多外地人是在潮州菜桌上见识了潮汕工夫茶的，不管是因为口味不合而浅尝辄止，还是津津有味地慢品细呷，这一小盏酣香的热茶，总会给他们留下深深的印象。不过，饭桌上的工夫茶，并没有给你潮州工

潮州工夫茶

夫茶的全貌。

潮州工夫茶之所以在中国茶艺之林一枝秀出，在于它的用器精致，冲饮程式讲究，能够将乌龙茶酽香的特色淋漓尽致地展现出来。工夫茶是潮汕人最喜好的饮品，几乎家家户户都备有一副茶具。茶船上，三只晶莹的小白瓷杯，一个白瓷盖瓯或者一把紫砂陶壶，在装饰豪华的客厅里不失其典雅精美；豆棚下莲缸边，配上一张小木桌和几只竹椅子，更显得素雅。或家人闲聚，或宾客登门，沏上一泡乌龙茶，殷勤道一声“食茶”，一种亲切融洽的感觉，便漫上心头。潮州工夫茶，蕴含着敬爱、和谐的文化精神，是一种雅俗共赏的生活艺术。

潮州“工夫茶”名字首次在史料中出现，是在清代俞蛟的《潮嘉风月·工夫茶》一书中，书中记载如下：

工夫茶，烹治之法，本诸陆羽《茶经》，而器具更为精致。炉形如截筒，高约一尺二三寸，以细白泥为之。壶出宜兴窑者最佳，圆体扁腹，努嘴曲柄，大者可受半升许。杯盘则花瓷居多，内外写山水人物，极工致，类非近代物，然无款志，制自何许年，不能考也。炉及壶、盘各一，惟杯之数，则视客之多寡。杯水而盘如满月。此外尚有瓦铛、棕垫、纸扇、竹夹，制皆朴雅。壶、盘与杯，旧而佳者，贵如拱璧，寻常舟中不易得也。先将泉水贮铛，用细炭煮到初沸，投闽茶于壶内冲之，盖定，复遍浇其上，然后斟而细呷之。气味芳烈，较嚼梅花更为清绝，非拇战轰饮者得领其味。

2019 年 12 月 21 日，《潮州工夫茶艺技术规程》团体标准正式发布实施，其中关于“潮州工夫茶艺”的定义是：明清时期开始流行于广东潮州府及周边地区所特有的传统饮茶习俗和冲泡方法。选择以凤凰单丛茶为代表的乌龙茶类，采用特定器具、洁净的水和独特的技法程式，蕴含了“和、敬、精、乐”的精神内涵。

杯盘则花瓷居多，内外写山水人物，极工致，类非近代物

清代潮州“怀德儒珍款”手拉壶

（一）潮州工夫茶茶具

传统的潮州工夫茶具有十多种，有所谓“四宝、八宝、十二宝”之说。普遍讲究的是四宝：白泥小砂锅（古称砂铫铫，雅名玉书碨）、红泥小炭炉（风炉、烘炉）、宜兴紫砂小茶壶或本地产枫溪朱泥壶（俗名冲罐、苏罐）、白瓷小茶杯（景德镇青花瓷若深杯或枫溪白令杯）。此四件，除紫砂壶为宜兴产最佳外，余三件以潮汕产为佳，都有昔时文人著文称誉。

潮人所用茶具，大体相同，唯精粗有别而已。常用器皿有：

茶壶

俗名冲罐，以江苏宜兴朱砂泥制者为佳。最受潮人看重的是“孟臣”“铁画”“秋圃”“萼圃”“小山”“袁熙生”等。

潮州朱泥手拉壶的生产历史可以追溯到清代中期。枫溪有个叫吴儒珍的人，是仿制孟臣壶的名家，他制作的壶壶底多钤有“孟臣”、“逸公”或“萼圃”印记，说明他是要以假乱真的，因此，他被戏称为吴孟臣。其所制壶，也有盖“儒珍”或“怀德儒珍”印记者，因制作精巧，儒珍壶在潮汕及华侨中很有声誉。吴儒珍的后代子孙源兴炳记、源兴河记、墨缘斋景堂及今年轻一代的吴瑞全、吴瑞深等人，他们既精仿古，又善创新，尤擅制小巧袖珍壶，作品不断推陈出新。

今手拉坯壶制壶名家以“俊合号世系”的谢华和“源兴号世系”的吴瑞深、吴端全以及“安顺号世系”的章燕明、章燕城为代表，他们制作的朱泥手拉壶冲泡单从茶效果最佳。

用手拉朱泥壶泡茶，色香皆蕴，发茶性好，透气性也好，泡完茶，把壶中水分滴尽，茶叶在壶中存放近十天后，茶叶仍能发出香气。手拉朱泥壶把摩时间越久的，壶面的光泽越是漂亮。泥料越好，发茶性越好，用好泥料制把好壶，这是每个制壶人都知道的。潮汕人认为

源兴号第四代传人吴瑞全制作的传统实用水平朱砂壶

老安顺第三代传人章永杰作品

最佳的，是用朱泥壶来泡茶。只有知道泥料与发茶性的关系，才能回归到壶以茶为本的原点。在潮州工夫茶艺生活中，这种看起来简单、质朴实用的朱泥壶，是最适宜冲泡凤凰茶的。

壶之采用，宜小不宜大，宜浅不宜深。其大小之分，视饮茶人数而定，有二人罐、三人罐、四人罐等之别。壶之深浅关系气味：浅能酿味，能留香，不蓄水。若去盖后壶浮于水中，不颇不侧，谓之“水平”，能显示制工精巧均衡。去盖覆壶，流口、壶嘴、提柄上缘皆平而成一直线，谓之“三山齐”，也属质量上乘之标志。

盖瓯

形如仰钟，而上有盖，下有茶垫。盖瓯本为官宦之家供客自斟自啜之器，因有出水快、去渣易之优点，潮人也乐意采用，尤其是遇到客多稍忙的场合，往往用它代罐。但因盖瓯口阔，不易留香，故属权宜用之，不视为常规。即便如此，其纳茶之法，仍与纳罐相同，不能马虎从事。

茶杯

茶杯以若深杯为佳，白地蓝花，底平口阔，杯背书“若深珍藏”四字。还有精美小杯，直径不足一寸，质薄如纸，色洁如玉，称“白玉杯”。不薄不能起香，不洁不能衬色。目前流行的白玉杯为枫溪产，质地极佳，分两种：寒天用的，口边不外向；夏天用的杯口微外向，俗称反口杯，端茶时不太烫手。此种白玉杯，有“小、浅、薄、白、圆”的特点，有白如玉、薄如纸之誉。

四季用杯，各有区别：春宜“牛目杯”，夏宜“栗子杯”，秋宜“荷叶杯”，冬宜“仰钟杯”。杯宜小宜浅，小则一啜而尽，浅则水不留底。

茶洗

翁辉东《潮州茶经》中说：“茶洗形如大碗，深浅式样甚多。贵重窑产，价也昂贵。烹茶之家，必备三个，一正二副，正洗用以浸茶杯，副洗一以浸冲罐，一以储茶渣及杯盘弃水。”新型的茶洗，上层就是一个茶盘，可陈放几个茶杯，洗杯后的弃水直接倾入大盘中，通过中

若深杯

新型茶船

间小孔流入下层中间，烹茶事毕，加以洗涤后，茶杯、茶瓯（冲罐）等可放入茶洗内，一物而兼有茶盘及三个老式茶洗的功能，简便无比，又不占用太多空间，所以家家必备，而且被当成礼品馈赠远方来客。因近数十年来，合茶洗茶盘于一体的各款茶船普遍面世，方便实用美观，茶洗逐渐被淡忘、淘汰。

茶盘

茶盘宜宽宜平，宽则可容四杯，有圆如满月者，有方如棋枰者；盘底欲平，边缘欲浅，则杯立平稳，取用方便。

茶垫

形状如盘而小，用以放置冲罐、承受沸汤。茶垫式样较多，依时各取所需：夏日宜浅，冬日宜深，深则多容沸汤，利于保温。茶垫之底，托以"垫毡"，垫毡用秋瓜络，其优点是无异味，且不滞水。目前，因茶家多采用茶船，操作时将冲罐置于上层茶盘，因此茶垫遂省。

水瓶

水瓶贮水以备烹茶。瓶之造型，以长颈垂肩，平底，有提柄，素瓷青花者为佳品。另有一种形似萝卜樽，束颈有嘴，饰以螭龙图案，名"螭龙樽"，俗称"钱龙樽"，属青瓷类，同为茶家所重。

水钵

多为瓷制，款式亦繁。置茶几上，用以贮水，并配椰瓢取水。有明代制造之水钵，用五金釉，钵底画金鱼二尾，水动则金鱼游跃，诚稀世奇珍。

龙缸

龙缸容量大，托以木几，置斋舍之侧。素瓷青花，气色盎然。宣德年间所制最佳，康熙、乾隆年间所产也属珍品。

红泥火炉

红泥火炉，高六七寸。另有一种"高脚炉"，高二尺余，下半部有格，可盛橄榄核炭。这类火炉，尽管高低有别，但都通风束火，作业甚便。潮汕红泥小炭炉，在清初已传名。清初与梁佩兰、屈大均合称"岭南三大家"的诗人陈恭尹有一首咏潮州茶具的五律《茶灶》："白灶青铛子，潮州来者精。洁宜居近坐，小亦利随行。就隙邀风势，添泉战水声。寻常饥渴外，多也养浮生。"白灶，即白泥制作的小炭炉，前文引俞蛟所记的"以细白泥为之"的截筒形茶炉，大概就是此种。

砂铫

清代学者震钧在其著作《天咫偶闻》卷八《茶说》中谈到茶具，说："器之要者，以铫（小砂锅）居首，然最难得佳者。……今粤东小口瓷腹极佳。盖口不宜宽，恐泄茶味。北方砂铫，症正座此。故以白泥铫为茶之上佐。凡用新铫，以饭汁煮一二次，以去土气，愈久愈佳。"潮州枫溪附近所产砂铫，嘴小流短、底阔略平、柄稍长，身周及盖有仿古葵花筋纹，外刷一层白陶釉，油光铿亮，造型古朴稳重，比起震钧当年所见，更加实用且美观。砂铫除了白泥的，还有红泥的，还刻有书画，与红泥小炭炉配套甚是出色。可惜当地匠工书画雕刻水平不及宜兴匠工，故艺术精品尚少。

羽扇

翁辉东《潮州茶经》中说："羽扇用以扇炉。潮安金砂陈氏有自制羽扇，拣净白鹅翎为之，其大如掌，竹柄丝缉，柄长二尺，形态精雅。"用白鹅翎制作羽扇，自然好看。舞台上诸葛亮所摇的是大羽扇，潮汕雅人烹茶扇炉用的是小羽扇。平常所用以灰色的鹅鸭羽扇为多。

铜箸

翁辉东说："炉旁必备铜箸一对，以为钳炭挑火之用，烹茗家所不可少。"旧时夹炭用铁箸多，铜箸是高要求，也有用小铁钳的。

锡罐

名贵之茶，须用名罐储藏。潮阳颜家所制锡罐，罐口密闭，最享盛名。如茶叶品种繁多，锡罐数量也要与之对应，做到专茶专罐存放，避免混杂。有烹茶之家，珍藏大小锡罐竟达数十个之多。

茶巾

用以净涤器皿。

竹箸

翁辉东著述中说："竹箸，用以挑茶渣。"这种用以挑茶渣的竹箸，常是茶人利用竹箸，将箸尾削细削尖，以利操作。随着近年专用夹茶渣的木挟、竹挟和角挟的出现，旧式竹箸被淘汰了。

茶几

或称茶桌，用以摆设茶具。

茶橱、茶担

以前潮汕的雅人在喝茶的花园雅室祠堂书斋，常陈设有博古架和茶橱。茶橱比长衫橱小，多单扇门，上下多层，外饰金漆画和金漆木雕，内放珍贵茶具和茶叶。茶担是一对可供挑担出外的茶柜，内部多层，一头放茶壶杯盘、茶叶、茶料和书画；一头放风炉、木炭、风扇、炭箸、水瓶。雅人要登山涉水、上楼台、下船艇去尽雅兴，茶僮就挑着这种担子跟随。20 世纪 50 年代，汕头还有这种茶橱、茶担生产出口。潮州市和丰顺县的博物馆内，还各保存有一副精美茶担，让人们了解过去潮汕茶人雅士喝茶的风气，其配套物件都很精致。

上等工夫茶具共以上十八种，饮茶之家，必须一一俱备，方可称得上"工夫"二字。

（二）泡出一杯好茶

1. 选茶

潮人独钟爱乌龙茶，尤其是凤凰单丛茶、岭头单丛茶、福建安溪铁观音、武夷岩茶，最受他们青睐。

2. 选水

（1）择水

山水分等级，"山顶泉轻清，山下泉重浊，石泉清甘，沙中泉清冽，土中泉浑厚；流动者良，负阴者胜，山削泉寡，山秀泉神"，选择竹园、竹林所在地的山泉水最好。江水应取远离居民区、清澈不受污染者。井水应从常用井中汲取，现代井水多有不用。

日常饮用的比较多的是瓶装水和过滤水，但这些水对泡茶来说并不是最佳的选择。

（2）养水

“养水”的方式：用水晶砂、河砂、活性炭置于陶缸内，装上水，盖上一层纱布以防止灰尘进入，让阳光照射。这样可以提升水质。

若需要使用自来水的过滤水，最好取本山地的石头置于水中，也可以起到“养水”的作用。《煎茶水记》中写道：“夫烹茶于所产地，无不佳也，盖水土之宜。离其地，水功其半。”意思是宜茶之地，必有宜茶之水，而用当地的水冲泡当地的茶最为合适不过。

（3）茶叶煮水

冲泡潮州工夫茶，如果无法找到较好的水，不妨在煮水时，于水中投放一小片待冲泡的茶叶同煮，让水变成类似原产地的山泉水，这种方式很多人不知道，这是通过多种茶试验出的经验。用这种煮过茶叶的水泡茶，茶汤滋味会比不加茶叶煮的水更佳。这种提升水质的方法适用于所有的茶类。

3. 活火

火有阴阳火之分。

所谓“阴火”，就是用无明火的方式加热，比如用电磁炉、随手泡等加热。加热过程中，通过铁皮等介质传热给水，水与水再进行热传递，加热不均匀，所以泡出的茶汤欠爽口。

所谓“活火”，是指炭之有焰者。活火也称阳火、明火，燃烧过程中会发出穿透力很强的远红外线，对水上下进行线性冲击，加热均匀。

潮人煮茶，多用绞只炭。绞只炭的优点是木脂尽脱，烟臭无存，敲之有声，碎之莹黑；一经点燃，室中还隐隐可闻“炭香”。更有用橄榄核炭者，那是以乌榄之核，入窑窒烧，逐尽烟气，俨若煤屑；以之烧水，焰呈蓝色，火匀而不紧不慢；此种核炭，最为珍贵难得。余者

阳火

炉火

坚炭

橄榄炭

潮州工夫茶，小壶小杯冲泡

如松炭、杂炭、柴草、煤等，就没有资格入工夫茶之炉了。

用活火煮出的水泡茶，有助茶质发挥，茶汤爽口甘醇。

4. 择器

（1）泡茶时盖碗与茶壶的选择

盖碗，一般比较适合清香型的茶，花香高锐飘逸，重在起香。

茶壶，一般可用砂壶和泥壶。使用这两种壶主要是为保持茶的韵味，但两者在泡茶时侧重点又有所不同：砂壶，偏适用于高火香茶（浓香）型陈单丛茶；泥壶，偏适用于清香型茶叶，特别适合香韵皆具的中温焙的茶。

（2）品茶时茶杯的选择

品饮乌龙茶，建议选择薄、白的瓷杯，有助于观汤色，保持茶汤的热度。

（3）煮水器的选择

现在市面上的煮水器很多，比如铜壶、铁壶、银壶、陶壶、玻璃壶等。

很多人认为铜壶是潮州工夫茶的传统煮水器具，因它是清末民初时期的产物。其实不然。

当时因为煤油灯使用普及，很多人用煤油灯煮水，可惜煤油带味，如用砂铫煮水容易带煤油味，不适合泡茶。

当时人们想到用铜薄片制成的壶在煤油灯上煮水，因薄易传热，金属又不透气，煮出来的水就不会被串味；用铜壶煮的水，铜离子会和茶里面的茶多酚结合，泡出来的茶汤喝起来浓醇而不苦涩。又因为当时市面上的茶大多是重焙火的，茶汤对水质要求没那么高，所以当时多用铜壶煮水。

而如果用铜壶煮水来冲泡清香型的茶叶，则对茶味的影响就非常明显。所以，古语“铜臭铁涩不宜茶”之说是有道理的。

因此，煮水泡单丛茶时，不提倡使用铜壶和铁壶，最好用陶壶、砂铫或银壶等。陶壶对水能起到矿化的作用。“水过砂则甜，水过石则甘”，用砂铫煮出来的水甘甜，适宜泡茶。用银壶煮的水，水会偏清甜，对乌龙茶冲泡虽好，但银壶过于高贵。

5. 冲泡

孟臣壶把捏法：用拇指和中指把捏壶把，无名指托住壶把外侧下方，食指轻按壶钮，进行洒茶。男性点茶则换为拇指轻按壶钮，而食指外压壶把上方，中指在壶把内侧，无名指不变，施腕点茶。女性点茶则把食指退至盖眉，以指甲轻扣，施腕、点茶。

盖瓯把握法：拇指和中指捏住盖瓯外沿，与瓯口成一平面，食指横侧按压盖钮，小指沿内侧托住盖瓯底部，与食指对盖瓯身、盖形成对夹。使拇指、中指和小指能互换以便洒茶，施腕、点茶。

茶壶法

点茶

（三）凤凰乡村泡茶

关于潮州工夫茶，潮安先贤翁辉东（又名梓关，字子光）先生在其杰作《潮州茶经·工夫茶》中已详尽记叙，这里不再赘述，只记录凤凰山区农村20世纪60年代以来的一些情况。

在乡村的“闲间”里，人们将品茶和泡茶的技艺紧紧地融合在一起，以技为主，以艺辅技，自娱自乐，其乐融融。每天三餐之后，不论是晴天还是雨天，只要有空闲就走进“闲间”，或者独个儿在家里泡起茶来。

每当茶叶采制完毕之后，制茶能手挑选出一两样比较成功的新产品——优质茶叶，三五成群地到“闲间”来比试比试。但他们旨在交流茶叶制作的经验和品尝新味，通过品评，总结成绩，交流经验，取长补短，相得益彰。这一聚会发扬了工夫茶的风格，也拓展了工夫茶的内容。

工夫茶是茶艺表演中的一种，也属于凤凰茶文化的范畴。它以独特的茶叶品质、独特的茶具、泡茶的方法、品饮的方法而闻名于世。它是一种融精神、礼仪、沏泡技艺、品评茶叶质量等多方面为一体的完整茶道。

通常凤凰山区各家各户都备有茶米桶（茶米罐，带有雕花刻字的锡罐）、风炉、木炭、扇子、砂锅仔（砂铫或铜锅仔）、水罐（或陶、瓷水瓶）、茶船（又名茶洗、茶池）、瓷盖瓯（或冲罐）、茶杯等泡茶器具。后三种即平时所称的“茶盅具”的统称。随着社会经济的发展和人们物质生活水平的提高，泡茶器具也发生了更换。诸如从风炉、木炭、扇子改为煤油炉、煤油灯、煤油、柴油，再则改为电炉、电磁炉；从砂铫改为铜铫、铝质壶、精钢壶，再改为电热壶。由于逐渐改换更新，泡茶器具越来越现代化了，既体现时代节奏，又简便易清洁，使工夫茶达到更高的境界，现在的泡茶方法也随之简便了。

（四）国家级非物质文化遗产项目“潮州工夫茶艺”冲泡程序

（1）备器（备具添置器） 将器具摆放在相应位置上，俗话说：“茶三酒四。”将茶杯呈“品”字摆放。

（2）生火（榄炭烹清泉） 泥炉生火，砂铫加水，添炭扇风。

（3）净手（沐手事嘉茗） 烹茶净具全在于手，洁手事茗，滚杯端茶。

（4）候火（扇风催炭白） 炭火燃至表面呈现灰白，即表示炭火已燃烧充分，杂味散去，可供炙茶。

（5）倾茶（佳茗倾素纸） 所使用的素纸为棉纸，柔韧且透气，适合炙茶提香。

（6）炙茶（凤凰重浴火） 炙茶能使茶叶提香净味，炙茶时，茶叶在炉面上移动而不是停留，中间翻动茶叶一到两次，至闻香时香清味纯即可。

（7）温壶（孟臣淋身暖） 壶必净，洁而温。温壶，提升壶体温度，益于增发茶香。

（8）温杯（热盏巧滚杯） 滚杯要快速轻巧，轻转一圈后，务必将杯中余水点尽。是潮州工夫茶艺独特的温杯方式。

（9）纳茶（朱壶纳乌龙） 纳茶时，将部分条状茶叶填于壶底，细茶末放置于中层，再将余下的条状茶叶置于上层，用茶量约占茶壶容量八成左右为宜。

（10）润茶（甘泉润茶至） 将沸水沿壶口低注一圈后，提高砂铫，沿壶边注入沸水，至水满溢出。

（11）刮沫（移盖拂面沫） 提壶盖将茶沫轻轻旋刮，盖定，再用沸水淋于盖眉。

（12）烫杯（斟茶提杯温） 运壶至三杯之间，倾洒茶汤烫杯，然后将杯中茶汤弃于副洗。提高茶杯温度。

（13）高冲（高位注龙泉） 高注有利于起香，低泡有助于释韵，高低相配，茶韵更佳。

（14）滚杯（烫盏杯轮转） 用沸水依次烫洗茶杯。潮州工夫茶讲究茶汤温度，再次热盏必不可少。

（15）低斟（关公巡城池） 每 1 个茶杯如 1 个“城门”，斟茶过程中，每到 1 个“城门”，需稍稍停留，注意每杯茶汤的水量和色泽，3 杯轮匀，称“关公巡城”。

（16）点茶（韩信点兵准） 点滴茶汤主要是调节每杯茶的浓淡程度，手法要稳、准、匀，必使余沥全尽，称“韩信点兵”。

（17）请茶（恭敬请香茗） 行伸掌礼，敬请品茗者品茗。

（18）闻香（先闻寻其香） 用拇指和食指轻捏杯缘，顺势倾倒表面少许茶汤，中指托杯底端起，杯缘接唇，杯面迎鼻，香味齐到。

（19）啜味（再啜觅其味） 分三口啜品。第一口为喝，第二口为饮，第三口为品。芳香溢齿颊，甘泽润喉吻。

（20）审韵（三嗅审其韵） 将杯中余水倒入茶洗，点尽，轻扇茶杯后吸嗅杯底，赏杯中韵香。

（21）谢宾（复恭谢嘉宾） 茶事毕，微笑并向品茗者弯腰行礼以表谢意。

潮州工夫茶泡法二十一道程序

烫杯
高冲
滚杯
低斟
点茶
请茶
闻香
啜味
审韵
谢宾

五、台湾乌龙茶冲泡

早期移垦台湾的人士以闽粤地区为主，闽粤地区的饮茶风俗大大地影响着台湾的茶文化。台湾旧时流行的乌龙茶冲泡法为“工夫茶小壶泡”，工夫茶的茶具一般比较小巧，一壶带二到四个杯子不等，多为三个。而后受到日本茶道和西洋饮茶文化的影响，再加上近几年卫生观念的加强与冲泡美学的讲究，逐渐形成了一套具有文化底蕴、更为优雅、合乎卫生的现代台湾茶艺（1983 年，台湾一批爱茶人在林森南路成立一家茶馆，把茶作为生活的艺术，故称“茶艺”）。

（一）台式乌龙茶茶艺新精神

台式乌龙茶茶艺在继承内地工夫茶基本理念的基础上衍生出众多的流派。

爱茶人士及业者因着台湾喝茶氛围的日渐浓厚，相继成立推广茶艺文化的民间组织。台北的陆羽茶艺中心茶学研究所，自1980 年成立时，即在开设的“茶道教室”举办初中高级茶学讲座，至今各类课程已举办近九百期，在所长蔡荣章的领导下，先后改良创制了“小壶茶法”、“盖碗茶法”、“大桶茶法”、“浓缩茶法”、“含叶茶法”和“旅行简易泡茶法”等。

此外，比较出色的还有台湾“中华茶艺业联谊会”第七、第八届会长方捷栋先生创编的“三才泡法”，丁得富先生创编的“妙香式泡法”，陈秀娟小姐创编的“吃茶流小壶泡法”等。

何为“吃茶流小壶泡法”？“吃茶流”要求茶人在泡茶的过程中融入自身情感，结合禅的哲理来体会整个泡茶流程的艺术，可以说吃茶流的主要精神在于从“静、序、净、省”中去追求茶禅一味的理想境界。

“静”是指在泡茶吃茶时寂静无杂音，是修习茶道基本的要求。从控制自己的情绪中可以看出一个茶人的涵养。从举止的宁静，达到心灵的宁静，在寂静中展现美感。

“序”是指修习茶艺的态度首先体现在充分的准备功夫上。摆设茶具时要依次放置，泡茶的步骤讲求井然有序，使自己无论做什么，思想都能周详而统一。

“净”是指通过修习茶艺来净化心灵，培养淡泊的人生观。

“省”是指自我反省，亦是修习茶道的要点。茶人应经常反省，自己学习的态度是否虔诚，泡茶时是否将茶的内质发挥到极致，艺茶时内心是否力求完美，是否把茶道的精神落实到日常生活态度中。

“吃茶流”受日本茶道影响，又饱含中国博大精深的有意化无意、大象化无形的深意，要求茶人在开始时必须按基本程序，扎实地做好每一个细节，融会贯通后又要上升到不被形式所拘泥的高度，在熟练技法中展示优雅，从而形成泡茶者个人独特的风格，在超然技法中表现自我。

（二）台湾乌龙茶茶具花样翻新

台湾的饮茶习俗源于闽粤，但二十多年来发展很快，特别是在茶具的更新换代上，更是穷工毕智，不断翻新花样，使茶具异彩纷呈。

碗泡法

台式乌龙热泡时使用到的主要茶具有：紫砂茶壶、茶盅、品茗杯、闻香杯、茶盘、杯托、电茶壶、置茶用具、茶巾等。其中，闻香杯是台湾茶人创制的，是市场上大量出售高香乌龙茶后，为凸显其香气高锐持久而配置的器皿。闻香杯与饮杯配套，质地相同，加一茶托则为一套闻香组杯。闻香杯有两大好处：一是保温效果好；二是茶香味散发慢。

上文提到的“吃茶流”使用的茶具亦配闻香杯，泡饮时一人一把紫砂壶，然后配以“对杯”（闻香杯与品茗杯）和其他要用的茶具。

不同泡法配有不同器皿，值得细赏的还有一种泡茶法：碗泡法。其前身是始自唐、兴盛于宋代的点茶法。点茶法是当前日韩茶道的主要泡饮茶方式。近年来，台湾茶道重新将大茶碗“拾起”，改点茶为泡茶，因其使用大的碗泡茶，用茶匙将茶汤舀至杯中就可饮用，简单且富有趣味，又带浓浓的复古气息，所以受到人们的喜爱。

（三）台式乌龙茶的热泡法

泡饮茶之前选择合适的茶具，通常情况下茶具以能发挥所泡茶叶之特性且简便适手为主。以“吃茶流”冲泡法为例，台式乌龙茶热泡法的基本流程如下：

烫壶，温盅：用开水浇烫紫砂壶和茶盅，起到再次清洗的作用并提高茶壶和茶盅的温度。

取茶，赏样：使用茶匙取茶，取时忌杂念，动作不宜过大，以免伤到茶叶。取出茶后先观察干茶的外形，以了解茶性，决定置茶的分量。

置茶，摇壶：将茶匙中的茶叶放进壶中。盖上壶盖后，双手捧壶，轻轻地摇晃三四下，促进茶香散发。

揭盖，闻香：通过闻摇壶后干茶的茶香，进一步了解茶性，如烘焙的火工，茶的新陈等，以决定泡茶的水温、浸泡时间。

注水，润泡：注水入壶后，短时间内即将水倒出，茶叶在吸收一定水分后即会呈现舒展状态，有利于冲第一道茶汤时香气与滋味的发挥。

热杯、淋壶：用开水预热茶杯，再淋壶，以利于茶汤香气的散发。

冲泡，浇壶：往壶里冲水泡茶，冲满后，盖上壶盖，沿着茶壶外围再浇淋。

干壶，投汤：在提壶斟茶之前，将壶放在茶巾上，搌干壶底部的水后再斟茶。台湾茶人把斟茶称为投汤，投汤有两种方式。其一是先将茶汤倒入茶海，然后用茶海向各个茶杯均匀斟茶。其二是用泡壶直接向杯中斟茶。

第七篇

得味：乌龙茶之品饮

一、乌龙茶清饮

如果只是为了解渴而饮茶，就叫作喝茶。如果有一定的冲泡工具和操作技术，重视茶的品质和功能，慢啜细饮，就叫作品茶。如果是为分出茶的等级与品质好次，细闻细品，就叫评茶。

（一）生活待客式

主人待客一般选择品质好的乌龙茶，选用清洁的泉水，煮至初沸，采用钟形的盖杯，然后按照基本泡饮程序进行，一般包括温具→置茶→备水→冲泡→刮浮沫→加盖（2～3 分钟）→分茶→奉茶→品饮。

茶几旁，或两人相对而坐，或三五个人围聚而坐，一同赏茶、鉴水、闻香、品茶，每一个人都是参与者，一起领略茶的色、香、味之美。这样的场景更多的是出现在家庭中，在日渐兴起的茶艺馆中亦常见。大家一起品品茶，聊聊天，自由地交流情感，相互切磋茶艺，相互探讨茶艺人生，既休闲又联谊，既高雅又轻松，其乐融融。

（二）家庭茶室

茶作为饮品已深入每个家庭，家庭饮茶是现代人品茶的主要方式。虽然许多家庭没有能力或没有条件布置一个专门的品茶室，但都为饮茶创造了一方干净整洁、舒适清新的小天地。或阳台，或客厅，摆上茶几，几把座椅，便是品饮场所。不需要豪华的陈设，不需要高档的茶具，不需要名贵的茶叶，也不一定有名泉佳水，或独自品饮，自省自悟，品茶之神韵，悟茶之神理，而修身怡情，或是家人或是三五宾朋坐于一处，一同品饮精心泡制出来的香茗，以茶为媒，叙亲情，叙友情，杯茶在手，感受生活，其乐融融，温馨无比，便是茶之道、茶之味。恰如梁实秋先生所说“清茶最为风雅”。

（三）茶艺馆

茶艺馆，是现代茶馆的称谓，最早源于台湾，近几年来，随着人们休闲需求的多样化，以悠闲为特色的茶艺馆在全国各地蓬勃发展，成为一种新兴产业，且颇为时髦。茶艺馆大多品位高雅，陈列摆设以茶文化为中心，用琴棋书画诗营造古朴典雅的文化氛围，并有茶艺表演，是休闲的好去处，品茶者可以边欣赏表演，边闻茶香尝茶味。

（四）潮州品饮

首先用初开的沸水冲洗事先备好的茶具，使茶具烫热、洁净。取凤凰单丛8～12克，轻轻放进茶瓯（壶）里。第一冲醒茶一定要用沸水，不然汤不热不凉，难以激发单丛茶花香。然后进行第一次泡茶：泡高火香茶（浓香），用三沸水、满泡（茶量10克）快入慢出，茶汤重韵甘醇；泡清香茶，用二沸水、平泡（茶量7克）高冲快出，嫩香爽口。也可用出水柱的高、低、粗、细调节泡茶水温，即泡即斟。循序斟注，要尽可能地使每杯茶的茶水容量相等，色泽相同，浓淡如一。这个过程要充分运用“高冲低斟，刮沫淋盖，关公巡城，韩信点兵”的技法。请客人品尝，先闻其香，后尝其味，再审其韵，一盖瓯茶可以泡十多次。

淡泡（茶量3～4克）则慢进慢出，均匀浸泡，可多浸泡。

品茗要趁热，先闻茶香，然后将茶汤啜入口中，使空气将茶汤带入口中，再以舌头不断搅动，让口中舌部位感受茶汤滋味。再嗅杯底，审寻韵味。“味云腴，食秀美，芳香溢齿颊，甘泽润喉吻，神明凌霄汉，思想驰古今。”境界至此，乃人生一大快事。

不同风格单丛茶的冲泡方法及冲泡时间如下：

（1）浓饮（传统）：以7克茶叶投入容量为100毫升的泡茶器中，润茶后冲泡38秒出汤，第2～5道每道22～35秒出汤，6道以上出汤时间要逐道增加。

（2）醇饮（普及）：以6克茶叶投入容量为120毫升的泡茶器中，润茶后冲泡38秒出汤，第2～5道每道15～30秒出汤，6道以上出汤时间要逐道增加。

品赏单丛茶可从醇、甜、甘、香、韵、滑、润七方面来鉴赏：

醇：醇厚质感明显，舒张爽快，无滞涩感，喉感回香。

甜：蜜味甜润，蜜香浓郁。

甘：回甘快且力度强，汤中显香，喉底甘香、甘润，俗称“有喉底”。

香：香气高锐浓郁持久，冷香清幽，有隽永幽远之感，香中有味。

韵：系指“山韵”“花蜜香韵”。凤凰单丛茶的“山韵”，是指由于高山环境造成茶树鲜叶内含氨基酸积累比例较高，产生跟多雾地域苔藓近似的苔味。岭头单丛茶的“花蜜香韵”是指白叶品种独有的蜜甜味及滋润之感。岭头单丛茶的“花蜜香韵”以蜜香为奇，喉韵甘爽，品饮后齿颊留芳，且久泡后余韵犹存，无苦涩味，仍有浓醇甘爽之感。

滑：浓醇爽口，浓而不涩，甘滑回香。单丛茶的“滑”是最高品质的象征，只有在整个进程非常完善的条件下，才能体现。

润：陈单丛茶甜润饱满，滑而不涩，浓而不滞。

品茶

（五）台湾品饮

1. 清饮台式乌龙茶的注意事项

使用瓷器泡出茶叶真滋味。在买茶试茶、鉴赏茶叶时，一般多使用标准的评鉴杯（瓷器），因为紫砂壶会修饰泡出的茶水。清饮台式乌龙茶时，大多数人喜欢选择陶瓷杯、玻璃杯来泡饮。

置入适合自己口感的茶叶量。首先取适量台湾乌龙茶放入杯中，并以热开水直接冲饮，再根据个人喝茶口味的浓淡来做调整，觉得偏淡加些茶叶，味道重就去除些茶叶。当然茶叶不可过度浸泡，否则茶汤易苦涩难喝。

两人以上共同泡饮时，茶壶里放置茶叶的茶叶量，原则上较紧结的茶叶不能放太多。茶在还没泡之前，都属于一种紧缩的状态，因此拿捏茶叶分量是相当重要的事。一般而言，品种不同，置入量不同，文山包种的置入量约为壶的 1/2 到 2/3，白毫乌龙干茶的置入量约为壶的 1/3 到 1/2，冻顶乌龙的置入量约为壶的 1/4 到 1/3，铁观音干茶的置入量约为壶的 1/4。

根据茶性选择合适的水质、水温。共同泡饮时，放置好干茶就要冲入开水，此时水质的选择就很重要。越干净的水在淡饮时口感上就越纯粹，但蒸馏水虽干净，不适合冲泡好茶，泡茶水尽量使用矿泉水或山泉水，自来水少用为妙。另外要注意的是水温，一般来说台式乌龙茶的发酵度比较低，水的温度通常 90℃～95℃就可以了；而发酵较重的白毫乌龙或茶青越老的茶，就必须用 100℃左右的水。

根据茶性把握好浸泡时间。浸泡时间需视茶叶的老嫩及置茶多寡而定，一般润茶后的第一泡约 60 秒，叶子舒展开后，要喝第二至第四泡时，冲入开水泡 40～50 秒，往后每一泡的浸泡时间加长 10～15 秒。

不管是个人饮用，还是几人共享，茶叶与茶汤都不可过度浸泡，否则茶汤会苦涩难喝。

品香品茗后调整冲泡方式。泡出茶后，先闻茶香、水香，感受茶的香气，品味茶汤时也不用急着喝下茶水，可以啜入口后，含在嘴里稍做停留，让茶的甘醇或苦涩停留在味蕾上，由此可知茶

①冷泡铁观音可边喝边加冰
②冷泡茶
③冰红乌龙茶

的本性好坏及时间的拿捏，甚至是茶壶的好坏都可以感受到。记住泡时的感觉，下次就可以选择更合适的茶具、投茶量、浸泡时间和水温了。

饮后及时清理茶具。茶泡完后一定要实时清洁茶具，方便下次泡饮，更重要的是保护茶具。泡饮之后，如果是瓷器等上釉的茶具，将茶具里的茶叶清理出去后用清水冲洗，晾干放置好即可；但如果是紫砂壶，建议再用开水冲一遍壶，然后用清壶布慢慢擦干，之后为方便茶壶中的水汽蒸发，需要将壶盖与壶分开放置。

2. 冷饮台式乌龙茶

台湾人很喜欢采用冷泡法来品鉴高山乌龙茶，尤其是在炎热的夏天。冷泡方式泡出的茶水有淡淡的持久的茶香，苦涩度不会释放，是目前台湾极力推广的养生饮法。

比起热泡法，冰凉的冷泡茶冲泡方式简单，较适合在家里冲饮，最好有冰箱可以冷藏茶叶并放置冷泡后的茶水。

首先，将准备好的台湾高山茶置入容器，茶叶量约占容器的八至十分之一（以600毫升矿泉水瓶为例，约置入两瓶盖的球形茶叶），而后注入干净的冷开水（注意可以是纯净水，也可以是凉掉的开水），注水约9分满后，加盖放置约4小时后即可饮用，为了口感更加鲜爽冰凉，可加盖冷藏于冰箱，6~8小时后即可饮用。

不论冷泡的茶水是否放入冰箱，为避免茶水变质，都建议在48小时内饮用完毕，因为茶汤里未使用防腐剂。

左边是乌龙奶茶
右边是冰红茶

当然，台式乌龙茶还可以采取另一种混合泡的方式来品饮：先将水冻成冰块放入玻璃茶杯，冰块大概占据茶杯六分之一的量，再将已经热泡好的茶汤快速顺畅地倒入茶杯中。

白糖茶

二、乌龙茶调饮

红糖茶

（一）药用茶饮

盐茶

取茶叶 3 克，食盐 1 克，用开水冲泡 5 分钟后饮服，每日分服 4～6 次。可明目消炎、化痰降火，适于感冒、咳嗽、火眼、牙痛等症。

盐茶

糖茶

一是取茶叶 10 克、红糖 20 克，在茶水中加入红糖冲服。有和胃暖脾、补中益气之功效，可用于治疗大便不通、小腹冷痛等症。

二是取茶叶 15 克、白糖 60 克，将茶叶冲泡后加白糖，在露天放置一宿，次日清晨一次服完。有活血调经的功效，可治疗妇女月经不调及痛经。

三是取茶叶 15 克、白糖 150 克，加水煎后服用。可治疗妇女产后便秘。

姜茶

一是取茶叶 5 克，生姜 10 片，红糖 15 克，将生姜洗净去皮切片，加茶叶和水煎，再加入红糖，饭后饮用。有发汗解表、温肺止咳的功效，治疗流感、伤寒、咳嗽等症效果较好。

二是取茶叶 60 克，干姜 30 克，将

姜茶

二者研末，每服 3 克，开水送下，每日 2～3 次。可治疗胃痛、腹泻。

三是取约 2 厘米长的生姜，去皮切碎，置于盖杯中，加茶叶 5 克、白糖 10 克，沸水冲泡 5 分钟，在乘车船出门前半小时喝上一杯（约 200 克）。可防止晕船晕机。

蜜茶

一是将茶叶放入玻璃瓶中，加入蜂蜜，直至将茶叶淹没。要注意的是，最好选用深颜色的玻璃瓶，瓶外再封上一层牛皮纸避光。用此法腌制的蜜茶，可长年保存而不变质，且年限愈久药用价值愈高。

二是取茶叶 3 克，用开水冲泡，待茶水变温后再依个人口感加入适量的蜂蜜，饭后温饮一小杯，亦可每隔半小时服用一次。有止渴养血、润肺益肾之功效，适用于咽干口渴、干咳无痰、便秘、脾胃不和、肾虚等症。

三是取茶叶 7 克、香蕉 50 克、蜂蜜少许，先将茶叶用沸水冲泡，然后将香蕉去皮研碎，加蜂蜜调入茶水中，当茶

蜜茶

饮用，每日 1 次。主治高血压、动脉硬化等症。

醋茶

取茶叶 2 克、陈醋 1 毫升，将茶叶冲泡 3 分钟，倒出茶水，加醋即成，每天饮 3 次。有和胃、止痢、散瘀、镇痛之功效，可治小儿蛔虫腹痛、痢疾等症。

奶茶

取茶叶 3 克、牛奶半杯、白糖 10 克，先将牛奶和白糖加半杯水煮沸，再放入茶叶，每日饭后饮服。有消脂健胃、化食除胀和提神明目的功效。

陈皮茶

取茶叶 5 克、陈皮 1 克，将茶叶、

奶茶

陈皮茶

陈皮用水浸泡一昼夜，然后加水 1 碗煎至半碗。服法是，1 岁以下儿童每次服半汤匙，1～2 岁儿童每次服 1 汤匙，3～4 岁儿童每次服一汤匙半，每日 3 次。可治小儿消化不良、腹胀腹泻。

山楂茶

一是取茶叶适量、山楂 10 枚，两者煎饮或冲饮均可。长期坚持饮用，可消脂、减肥、降压。

二是取茶叶 2 克、山楂片 25 克，加水 400 毫升，煮沸 5 分钟后，分 3 次温饮，加开水复泡复饮，每日 1 剂。主治妇女产后腹痛。

柠檬茶

茶叶、柠檬等量，一起冲饮。长期饮用可预防肥胖症和高血压，并有生津开胃、增强心肌等作用。

健胃茶

20 世纪 90 年代中期，安溪县神龙茶叶有限公司对铁观音的民间用法、药用功能进行了系统总结和深入研究，使用铁观音茶叶和 10 多种名贵中药材创制出观音健胃茶，它是袋装茶，可直接用沸水冲泡饮用。主治急慢性胃炎、脘腹胀痛、消化不良等症，效果良好，并有明显的醒酒、护胃作用。

柠檬茶

（二）保健茶

1. 与枸杞共泡合饮

明代缪希雍的《神农本草经疏》对枸杞的功效有较全面的论述：“枸杞子，润而滋补，兼能退热，而专于补肾、润肺、生津、益气，为肝肾真阴不足、劳乏内热补益之要药。”

枸杞与茶同泡喝，不但对肝肾阴虚所致的头晕目眩、视力减退、腰膝酸软、遗精等甚为有效，而且对高血脂、高血压、动脉硬化、糖尿病等也有一定的辅助疗效。

2. 与西洋参片共泡合饮

利用西洋参补阴虚的功能和味甘辛凉的性质，与茶同泡成西洋参茶，具有良好的益肺养胃、滋阴津、清虚火、去低热的功效。

3. 与白菊花共泡合饮

两者共泡合饮，既可发挥白菊花平肝潜阳、疏风清热、凉血明目的功效，又可利用白菊花特有的清香甘甜风味增进茶汤香味，适口性好。

4. 与橘皮共泡合饮

用橘皮泡茶，可宽中理气、去热解痰、抗菌消炎。咳嗽多痰者饮之有益。

5. 与薄荷共泡合饮

薄荷含薄荷醇、薄荷酮，用它泡茶喝，不仅茶有清凉感，而且疏风清热利尿。

保健茶

注：调制保健茶需准备的物品有白糖、盐、生姜或老姜少许、蜂蜜少许、枸杞少许、白菊、西洋参、山楂片、红糖、牛奶、陈皮、柠檬等，以及装调料的小碟或小碗、泡饮的茶具

三、乌龙茶餐点及深加工产品

（一）茶点、茶食品

在乌龙茶区，茶食品由来已久。目前，市场上比较受欢迎的茶食品主要有两类。一类为含茶元素的食品，即在食品中添加茶的成分，如加入抹茶的杏仁糖、铁观音瓜仁酥、茶味曲奇、茶瓜子、大红袍朱子饼等；另一类则为传统的配茶点心，如一些坚果、蜜饯、甜点、糕饼等。

（二）茶餐

茶香脆虾

制作方法：将洗干净的虾煮熟之后，放入冰冻茶（制成茶未烘干的冰冻茶叶）水中浸泡几分钟后捞起装盘，添加调味料汤或酱料则可。

原理：茶水可以去除腥味，冰冻茶水可以使虾肉吃起来脆而爽口。

茶香鱼头汤

制作方法：煮鱼头汤时，加入些许冰冻茶叶，进行熬煮。

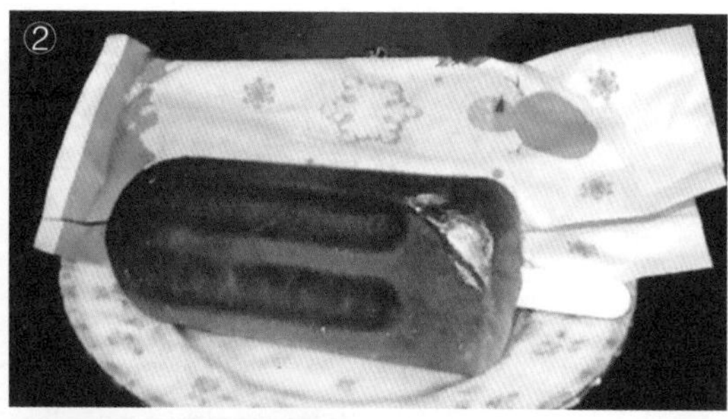

①乌龙茶冰淇淋
②茶冰棒
③红乌龙茶糕
④茶丸

原理：茶水可以去除鱼腥味，使鱼汤变得更加美味、鲜甜。

茶叶饭

制作方法：洗米后，加上些许冰冻茶叶，再行焖煮。

原理：茶香有助于解腻，使人胃口大开。

茶粥

制作方法：陈岩茶叶 15 克，大米 50 克。先将茶叶煮汁，去渣，放入粥锅内，加入洗净的大米，用大火煮沸后改中火熬成粥，分上下午温食。茶粥能畅通胃肠道，使胃肠维持正常功能。陈茶是指隔年的茶叶，与新茶相比对胃肠黏膜的刺激作用较小。

（三）创意茶食

茶食品种多样，有茶膳、茶点等，都是以茶入食。在泉州诸多餐厅中，或多或少都会有些茶食。随着茶饮的盛行，有个别厨师以茶入菜，创新研发出全新的茶宴，受到了年轻人的喜爱。茶叶入肴的方式有四种：一是用新鲜茶叶直接入肴；二是将茶汤入肴；三是将茶叶磨成粉入肴；四是用茶叶的香气熏制食品。

双王争明珠：鲍鱼搭配茶叶，在精心秘制的酱汁中浸泡 48 个小时，采用冰明珠保持鲍鱼的冰冷度，使之更好地达到冰凉爽口、齿颊留香的口感。再配上一杯铁观音，更是味中有味，回味无穷。

“老传统”焗辽参：与“老传统”茶叶结合，用铁观音茶味去除辽参的石灰味，让茶香渗透入内，以增加香气。

起鼎香茶虾：韵香茶叶与虾搭配，加上茶梗，慢火烘焙，三烤三晾，茶香四溢，口感柔韧筋道。

二老论道汤：用浓香的老茶与茶山老番鸭精炖而成，香动鼻，甘动舌，润到喉，韵到脾，醇厚甘甜，让人品味美食的最高境界。

（四）乌龙茶深加工产品

罐装茶水

分纯茶水和茶味饮料两种。罐装纯茶水饮料，由于受生产规模、研发能力、推广力度等影响，多为小牌子，尚没有叫得响的产品。大的品牌企业多以生产茶味饮料为主。

速溶茶

运用先进工艺萃取的茶产品，又冠名为即溶茶，即溶茶的溶解速度快，剔除农残彻底，又完美地保留了原茶的品质，口感更接近原茶，且具有冷热皆宜的特性。

生产设备的主要模组包括：物料前处理模组、低温高压萃取模组、料渣分离模组、纳滤分离模组、低温浓缩模组、低温干燥模组、粉料结晶模组、定量拼配模组八大组成部分。

冲泡方法如下：

一般的即溶茶粉都可冷饮、热饮。

冷饮：水温控制在 0℃～25℃，口

感鲜爽。

热饮：用 70℃～80℃热开水冲泡，滋味香醇。

水量：一小条约 0.6 克茶粉，建议用 200～300 毫升热水冲泡。

水质：宜用纯净水，忌用富含矿物质的水冲泡。

茶含片

乌龙茶无糖口含片，按重量百分比由以下原料制成：速溶乌龙茶粉 8%～12%，木糖醇 60%～70%，β 环糊精 10%～20%，柠檬酸 2%～5%，三氯蔗糖 0.2%～0.5%，维生素 C 0.2%～0.6%，香兰素 0.4%～0.6%，硬脂酸镁 1%～2%。这种含片色泽均一、硬度好，入口后茶香浓郁、口感细腻且清凉适口。

茶膏

熬制茶膏，采用压榨、收汁、收膏、压模等工序。冲泡水温，常温也可，饮用茶具亦无须讲究太多。在用量用法上，一般每人每天只要 3 克就足够，胃寒者适宜饭后饮用，老年人不宜饮用太多。

茶饼

制作方法是将茶末压成小茶饼。

单丛黑茶

以单丛毛茶作为原料，采用湖南安化千两茶的传统黑茶制法制成后发酵的单丛黑茶，有单丛千两茶、单丛茶砖。

米砖切面

第八篇

甄选：乌龙茶之选与藏

一、乌龙茶选购

消费者在购买乌龙茶时，往往因不能准确鉴别茶叶的优劣，不清楚市场的价格行情而感到为难。其实，购茶也有诀窍可言。

选对地方

一是可到专业的茶叶品牌商店购买。因为品牌店注重信誉，品质有保证。二是可到规模较大的商场、超市购买。这里的茶叶质量较有保证，但经过多个流通环节，茶叶的价格偏高。三是到熟悉的茶叶商店购买。由于茶叶市场竞争激烈，一些茶店、茶庄经营者注重吸引顾客，对老顾客一般不会欺骗，且因经常购买经营者比较了解顾客的口味、品饮习惯和消费水平，故一般能够买到称心如意的茶叶。

查看包装

一是凡购买小包装茶叶的，要注意观察包装上是否标明生产厂家、出产日期与产地等相关信息。正规厂家的产品包装较为精美，而一些假冒伪劣产品的包装则显得比较粗糙。二是凡购买小袋装（一般为 7 克）品牌茶叶的，要注意区分小茶袋的颜色及印刷标志的细微差别。一些具有一定规模的品牌茶厂所销售的小袋装茶叶，一般不在小茶袋上标明等级，其品质和价格是通过小茶袋的颜色来区分的；也有的小袋装茶叶，虽然小茶袋颜色相同，但在袋上印有诸如星级等标志用于区分。这些品牌茶叶，一定的品质，其价格是长年不变的。消费者如果洞悉品牌包装的奥妙，即可放心购买。

冲泡样品

凡购买散装茶叶的，消费者可要求冲泡样品。这时要注意的是，经营者所提供的茶样一般为毛茶（未经过拣梗的茶叶），当场去梗、精选后再行冲泡，这当中也有奥妙。究其原因：一是经

①牛皮纸袋包装
② 20 世纪 80 年代特选乌龙茶原铁罐包装
③茶泡装
④高档礼盒包装

营者在去掉毛茶梗的同时，也去掉了毛茶中的赤片等，并往往会精选条索适中、紧结的茶叶进行冲泡，故样品茶的品质一般要比成品茶高些（精品茶除外）。二是经营者在冲泡时可根据茶叶品质的差异，调整用茶量和冲泡时间。一般来说，茶叶滋味淡的要加大茶量，茶叶滋味趋涩时要缩短冲泡时间。故消费者要注意要求经营者等量、定时冲泡。其用量一般为 7 克，时间控制在 100 秒左右；在确定选购时，可要求去除茶梗、杂质和茶末。如初次购买，可索要一泡茶叶，待后对比。

观形闻香

观形时，消费者要留意茶的基本特征，如铁观音茶叶是否条索结实肥重、呈卷曲形、色泽砂绿乌润或青绿油油的，如闽北、广东乌龙茶外形是否紧结。冲泡前，可先闻干茶的香味，不要购买带有青腥气或其他异味的茶叶。冲泡时，注意茶的香气是否清香、正常、持久，汤色是否为金黄或清黄，汤水是否清澈，不要购买茶汤浑浊、偏红或有霉味的茶叶。

品汤看底

如购买铁观音，品汤看底时，应十分注意“音韵”；岩茶要有“岩韵”；潮州茶要有“山韵”。品尝时，口含少量茶汤，用舌头细细品味，感觉韵味的浓淡、强弱、鲜爽、醇和或苦涩等；要注意辨别韵味是否纯正，是否为“拖酸”茶，“拖酸”茶价格就低。对冲泡的叶底也要认真观察，可细观叶底是否油嫩、明亮，如叶底粗老的品质就低。

比赛茶活动与茶叶等级划分

茶区所举办的比赛茶活动，将比赛茶叶质量与茶叶分级两项不同性质的工作合并进行。经评审之后，只有一个特等奖或茶王，其他的为二等、三等及若干其他奖，利用特等奖或茶王只有一个以及少数的头等奖，拉抬售价，造成抢购风潮。

根据不同季节、用途、体质来选购

古时喝茶就有“夏饮绿，冬饮红，一年到头喝乌龙”的说法。老枞水仙属于乌龙茶，乌龙茶是介于绿茶（性凉）和红茶（性温）之间的一个品种，属不寒不热的温性茶类。在秋天，天气开始转凉，花木凋落，气候干燥，令人口干舌燥，嘴唇干裂，即中医所讲的“秋燥”。此时，喝上一杯不寒不热、茶性平和的乌龙茶，会有润肤、润喉、生津的功效，消除体内积热，恢复津液，让肌体适应自然条件变化，以消除夏天余热。

二、家庭如何科学保鲜和储藏乌龙茶

品质很好的茶叶，如不妥善加以保存，很快就会变质，颜色发暗，香气散失，味道不良，甚至发霉而不能饮用。

家庭保鲜和储藏乌龙茶有四项禁忌：一是忌茶叶含水量较多（毛茶经剔除茶梗，也可减少含水量。如发现茶叶中含水量超多，可经烘干冷却后储藏）；二是严禁茶叶与异味接触；三是防止茶叶挤压；四是忌高温保存。常用的储藏方法有：

（一）冷藏法

用冰箱冷藏要求茶叶本身必须干燥，并防止冰箱中其他食品的气味污染茶叶。因此，茶叶包装的密封性能要好，最好是采用复合薄膜袋真空装茶，才能防止茶叶吸附异味和吸潮变质。可将真空包装的茶叶置于小铁罐内，最好在外面再套上一只塑料袋封上。

家庭采用冷藏法保存和储藏鲜绿和清香型的茶叶，效果最好，但要求茶叶的含水量不能超过 7%。如在储藏前茶叶的含水量超过这个标准，就要先将茶叶炒干或烘干，然后再储藏。炒茶、烘茶的工具要十分洁净，不能有一点油垢或异味，并且要用文火慢烘，要十分注意防止茶叶焦煳和破碎。这样，含水量6% ～7% 的茶叶，在0℃下储藏，氧化过程变得非常缓慢，保存1年仍与新茶相差不大，基本可保持茶叶原来的色、香、味；在 −5℃冷冻时可储藏2年而不变质。此法特别适合于储藏品质较好的名茶。

（二）坛藏法

采用坛藏法，选用的容器必须干燥无味、结构严密。常见的容器有陶瓷瓦坛、无锈铁桶等。储存茶叶时，先将干燥茶叶内衬白纸（宣纸更好），外用牛皮纸或其他较厚实的纸包扎好，每包茶重0.25～0.5公斤。如在坛内放入干木炭、硅胶等干燥剂，效果更好。瓷口或坛口应用纸封住，或外面再用塑料袋封住，防止漏气致茶叶受潮。采用此法储存茶叶要注意的是：一是茶叶不要跟干燥剂直接接触；二是干燥剂平时半年左右一换，梅雨季节增加更换次数；三是香气不一的茶叶不要储藏在一起；四是坛口一定要密封好。

（三）罐藏法

罐藏法是家庭中最常用的一种储藏茶叶的方法，储存方便、随饮随取。其包装物有铁罐、竹盒或木盒等。新买的包装罐或盒往往染有油漆等异味，必须先行消除异味。消除异味的方法有：一是用少量的低档茶或茶末置于罐（盒）内，盖好静放两三天，使茶叶吸尽异味。二是用少量低档茶或茶末置于罐内，加盖后手握罐来回摇晃，让茶叶与罐壁不断摩擦。经两三次的处理后，去除异味。三是将罐盖打开，用湿毛巾擦拭罐壁后将罐和盖放在通风和有阳光照射的地方，干燥并去除异味。除味后，将装有茶叶的铁罐或竹、木盒用透明胶纸封口，以免潮湿空气渗入，放在阴凉处，并避免潮湿和阳光直射。采用此法要注意的是，最好将茶叶装满而不留空隙，这样罐里空气较少，有利于保存；双层盖都要盖紧，如果罐装茶叶暂时不用，可用透明胶纸封口，以免潮湿空气渗入。

（四）袋藏法

家庭储藏茶叶最简便、最经济的方法是采用塑料袋保存茶叶。它要求茶叶本身干燥，并有良好的包装材料。首先，必须选用食品级包装袋。其次，塑料袋材料的密度要高，尽量减少气体的流通。最后，塑料袋本身不应有漏洞和异味，强度要高。

包装茶叶时，先要用较为柔软的白净纸张把茶叶包裹好，再置入塑料袋内。挤出袋内空气后，将塑料袋封口，放在阴凉干燥处，一般可储藏3个月到6个月。

（五）瓶藏法

主要有热水瓶装和玻璃瓶装两种藏法。采用热水瓶藏茶的，应将茶叶尽量装实、装满，排出瓶中空气，再塞紧瓶塞。用普通的玻璃瓶封装茶的，玻璃瓶最好是有色的，也可用有色的纸、布将其包住，以免阳光透过玻璃照射茶叶，引起茶叶陈化变质。装茶时，可将茶叶装至七八成满，再在茶上塞入一团干净无味的纸团，后拧紧瓶盖，若用蜡封住盖沿，效果更佳。

三、优质清香型高山乌龙茶十忌

清香型高山乌龙茶是较晚创制的茶品，若制作、存放不当，茶品质量会出现常见的缺点。为保持此类茶的质量，人们根据其特点，归纳出十忌：

一忌存放过久。清香型乌龙茶讲究鲜爽，不建议存放过久。茶叶若储藏不当，由于被氧化、吸湿等因素会导致水色偏黄且暗浊、色泽灰绿、滋味淡薄、浊而不清并有油耗味，如此的茶样，被列为质量严重缺失型。

二忌湿杂环境。茶叶是一种组织结构疏松多孔的物质，所以极易吸收异味和湿气，若存放环境夹杂有其他气味，则茶叶容易产生沉浊不清之感。茶叶不应具有不良气味如烟味、霉味、油味、酸味、土味、日晒味等。

三忌烘焙过头。高山茶水色泽墨绿鲜活、滋味甘滑而富有活性，优雅之香气及细腻之滋味为其质量特征。若烘焙时温度与时间控制不当而呈熟味，则质量降低。

四忌高温干燥。传统的热风干燥方式，不论以瓦斯还是油料燃烧为热源，大都采用 85℃～100℃为初干及干燥的温度，为求干燥适度而行二段干燥。香味优雅的乌龙茶干燥温度以 90℃左右为宜，切忌高温，以免破坏香味。

五忌揉时久闷。除炒青时不及时排除水蒸气会形成闷味，揉捻过程中不及时解块，也容易导致茶叶滋味闷而不清，失去茶叶的鲜活性。

六忌炒青不当。炒青时若温度与时间控制不当会产生焦味，从而失去高山茶鲜活甘滑的特性。炒青不足也容易造成青味的形成。

七忌发酵不足。在清香型乌龙茶制作技术方面，一般来说涩味的形成多半起因于不当的静置萎凋及摇青。其制作过程讲究适当的发酵，若发酵不足则滋味淡涩，发酵不当则滋味粗涩，若搅拌不当使茶叶组织受损，导致水分无法蒸发而呈现积水现象，则易形成青涩味，因此清香型乌龙茶涩味形成之原因是不当的发酵。

八忌萎凋积水。在茶青萎凋过程中，室温低、湿度高，叶中水分散失（走水）不畅，发酵作用无法进行，也容易造成茶叶带青涩味。

九忌采摘不当。茶青原料过于老化或幼嫩，或清晨露水重时采摘，这些采摘不当亦将导致青味的形成。

十忌肥料过量。在茶树栽培过程中，氮肥施用过多，叶呈暗绿色，容易造成茶青先天不足，因此香气低而滋味淡薄带青味。

第九篇

颐养：乌龙茶之用

一、乌龙茶功能成分

茶叶一直被誉为健康的自然护卫者，其原因就是茶叶中含有诸多营养物质，有利于增进人体健康。

科学研究表明，新鲜的乌龙茶叶中含有75%～80%的水及20%～25%的干物质。在这些干物质中，含有成千上万的天然营养元素，主要有蛋白质、氨基酸、生物碱、茶多酚、碳水化合物、矿物质、维生素、天然色素、脂肪酸等。

蛋白质：含量20%～30%，主要是谷蛋白、球蛋白、精蛋白、白蛋白等。

氨基酸：含量1%～5%，有茶氨酸、天冬氨酸、精氨酸、谷氨酸、丙氨酸等。

生物碱：含量3%～5%，有咖啡碱、茶叶碱、可可碱等。

茶多酚：含量20%～35%，有儿茶素、黄酮、黄酮苷类等。

碳水化合物：含量20%～25%，有葡萄糖、果糖、蔗糖、麦芽糖、淀粉、纤维素、果胶等。

脂类化合物：含量4%～7%，有磷脂、硫脂、糖脂等。

有机酸：含量≤3%，有琥珀酸、苹果酸、柠檬酸、亚油酸、棕榈酸等。

矿物质：含量4%～7%，有钾、磷、钙、镁、铁、锰、硒、铝、铜、硫、氟等30多种。

芳香物质：含量0.005%～0.03%，主要是醇类、醛类、酸类、酮类、酯类、内酯。

天然色素：含量≤1%，有叶绿素、类胡萝卜素、叶黄素等。

维生素：含量0.6%～1.0%，有维生素A、维生素B_1、维生素B_2、维生素C、维生素E、维生素K、维生素P、维生素U等。

乌龙茶含有茶多酚、茶黄素、茶红素的混合物。清香或球形乌龙茶由于发酵较轻，多酚类物质保留较多；而武夷岩茶、凤凰单丛由于发酵程度较重，生成了适量的茶黄素、茶红素，这些都对乌龙茶品质特点的形成至关重要。

实验证明，乌龙茶具有诸多功效，如减肥美容，抗辐射，预防癌症，调节血脂、抵抗心血管疾病，预防和缓解糖尿病，保护神经，保护皮肤健康，防止骨质疏松，抗菌、抗病毒，提高免疫力，预防衰老，预防和缓解关节炎等。这些功效的发挥，一个前提是要科学地饮用乌龙茶。

单丛品质成分含量

茶样	主要品质成分含量						儿茶素组分与含量							
	咖啡碱含量	氨基酸总量	茶多酚含量	酚氨比含量	黄酮类含量	水浸出物含量	EGC	DL-C	EC	EGCG	GCG	ECG	儿茶素总量	酯型儿茶素含量
宋茶1号	2.65	1.7	30.67	8.04	0.97	45.47	1.419	0.337	0.231	8.99	1.683	1.419	14.079	12.092
大庵宋茶	3.62	1.5	32.34	1.56	0.94	46.22	1.126	0.412	0.156	8.894	1.814	1.23	13.632	11.938
粗香黄枝香	3.91	1.63	31.72	9.46	1.05	44.97	0.739	0.261	0.121	9.044	1.38	1.156	12.701	11.58
佳常黄枝香	4.06	1.78	26.88	5.1	1.02	41.96	1.051	0.328	0.175	7.344	2.179	0.854	11.931	10.377
字茅黄枝香	3.29	1.27	25.14	9.8	1.11	41.21	1.218	0.302	0.198	6.048	1.211	1.043	10.02	8.302
兄弟仔	5.01	1.61	26.67	6.57	0.99	46.64	2.174	0.491	0.311	8.239	2.459	1.148	14.822	11.846
八仙过海	3.94	1.76	28.61	6.26	0.98	37.97	0.93	0.477	0.211	7.94	1.422	1.416	12.396	10.778
兄弟茶	3.92	2.62	27.25	0.4	1.02	38.28	1.399	0.492	0.235	6.852	1.704	0.941	11.623	9.497
文建林古茶	3.79	2.96	22.64	0.65	0.89	35.56	1.31	0.446	0.201	5.71	1.447	0.904	10.018	8.061
鲫鱼叶	2.89	1.2	36.36	0.3	0.98	42.42	1.135	0.54	0.294	1.113	1.908	2.403	7.393	5.424
鸡笼刊	2.66	1.19	25.9	1.76	1.04	35.63	1.034	0.326	0.176	7.636	1.516	1.215	11.903	10.367
棕蓑挟	3.77	1.24	23.21	8.71	1.04	35.76	0.825	0.204	0.141	6.373	1.333	0.947	9.823	8.653
字茅桂花	3.35	1.32	36.36	7.55	1.27	46.5	0.595	0.229	0.165	1.149	2.17	1.833	6.141	5.152
团树叶	4.62	2.25	29.71	3.2	0.89	41.3	1.332	0.308	0.261	9.466	2.41	1.231	15.008	13.107
乌岽桂花	3.73	2.72	29.33	0.78	0.83	44.82	2.298	1.047	0.818	0.537	2.491	2.382	9.573	5.41
狮头蜜兰	4.4	1.83	28.22	5.42	0.86	43.34	0.614	0.435	0.219	8.541	1.712	1.443	12.964	11.696
福南蜜兰	3.01	1.83	38.3	0.93	1.03	48.45	1.509	0.4	0.328	9.609	2.123	1.441	15.41	13.173

续表

茶样	主要品质成分含量						儿茶素组分与含量							
	咖啡碱含量	氨基酸总量	茶多酚含量	酚氨比含量	黄酮类含量	水浸出物含量	EGC	DL-C	EC	EGCG	GCG	ECG	儿茶素总量	酯型儿茶素含量
白叶单丛	3.95	1.59	29.09	8.3	0.96	43.69	0.566	0.277	0.092	8.063	1.385	1.039	11.422	10.487
大庵蜜兰	4.23	1.76	27.44	5.59	1.14	40.28	1.113	0.423	0.301	7.039	1.893	1.471	12.24	10.403
官目石玉兰	4.27	1.44	28.57	9.84	1.14	40	1.05	0.158	0.218	8.457	2.394	1.239	13.516	12.09
娘仔伞	4.31	1.88	25.36	3.49	1.18	39.05	1.117	0.197	0.207	6.944	1.512	1.108	11.085	9.564
肉桂香	2.31	1.18	36.01	0.52	1.37	40.59	0.864	0.304	0.156	1.429	2.319	1.537	6.609	5.285
大庵肉桂	3.82	1.79	27.83	5.55	1.05	41.45	1.174	0.282	0.289	7.367	1.948	1.143	12.203	10.485
姜花香	2.35	2.84	24.9	0.77	0.87	39.23	0.506	0.359	0.206	6.666	1.717	1.433	10.887	9.816
通天香	2.79	1.38	37.93	7.49	1.4	49.41	2.096	0.698	0.437	8.749	2.614	1.744	16.338	13.107
大乌叶	4.5	2.38	29.57	2.42	1.01	44.01	1.596	0.24	0.215	7.045	2.121	1.113	12.33	10.279
成广杏仁	1.05	2.44	24.13	0.89	0.95	40.93	0.875	0.354	0.154	4.931	1.791	0.801	8.906	7.523
大庵桃仁	3.74	1.15	31.46	7.36	1.06	44.83	1.106	0.335	0.273	1.231	1.924	1.864	6.733	5.019
锯剁仔	4.06	1.91	24.51	2.83	0.95	42.64	1.035	0.288	0.227	8.125	1.657	1.4	12.732	11.182
陂头夜来香	3.43	1.6	31.85	9.91	0.99	43.5	1.167	0.27	0.136	7.671	1.838	0.917	11.999	10.426
伟建茉莉香	3.79	1.69	27.35	6.18	1.09	39.95	1.176	0.31	0.266	8.663	2.2	1.833	14.448	12.696
佳河杨梅香	4.72	1.77	29.99	6.94	0.88	39.92	1.833	0.369	0.265	6.024	2.061	0.911	11.463	8.996
再城奇兰香	2.66	1.36	39.12	8.76	0.96	45.9	1.149	0.563	0.284	0.686	2.604	1.928	7.214	5.218
礼光苦种	5.33	2.07	24.2	1.69	0.91	36.94	0.589	0.257	0.106	7.055	2.211	1.148	11.366	10.414

注：EGC：表没食子儿茶素　DL-C：儿茶素　EC：表儿茶素　EGCG：表没食子儿茶素没食子酸酯
GCG：没食子茶素没食子酸酯　ECG：表儿茶素没食子酸酯

二、乌龙茶的养生作用

（一）乌龙茶的特殊保健作用

乌龙茶的制作方法比绿茶复杂，多了一道做青工艺。所谓做青，实际上就是茶青半发酵（氧化）的过程。乌龙茶的干燥烘焙时间也较长，传统工艺达 12 小时以上，而且还要复焙。这一来，就使茶的有机成分发生变化，茶性随之产生变化。其中最大的变化是茶性变“平”变“温”，而不像绿茶那样“生寒”了。

乌龙茶具有祛风、驱寒和调和肠胃的功效。民间往往将乌龙茶装进柚子壳，用棉线缝好，吊在灶前或屋梁上风干，称为柚茶。还有一些地方将乌龙茶用冬蜜浸泡，称为冬蜜茶。遇上风寒头痛，便取柚茶浓煎服用，如果在初发期，效果很好。治疗一般的肠胃病，特别是由水土不服引起的肠胃疾患，柚茶和冬蜜茶一服即灵。此外，乌龙茶还有抗菌消炎的作用。战争年代，缺医少药，游击队员治疗外伤，常用浓茶水消毒；至今闽粤山区里，遇上蚊虫叮咬造成皮肤红肿，人们仍然常用浓茶水涂抹。一些农村妇女，还常用浓茶水涂抹婴儿皮肤以治热痱。此外，乌龙茶还能有效解除烟毒。曾有人做过茶与烟的关系调查，发现许多嗜烟者，同时也嗜茶。凡是这种情况，他们一般都没有单独嗜烟者所常有的毛病，特别是很少有烟痰。

乌龙茶还具有解困提神和消食去腻的保健作用。这两点，与其他茶的作用一致。近年来，随着对乌龙茶性能的进一步研究，人们又发现，乌龙茶具有降血脂、降胆固醇、抗辐射、抗癌、预防高血压、延缓衰老等作用。曾有人在茶区进行过调查，发现那里肥胖症患者很少，高血压、心脏病发病率也较低。还有人对长年在乌龙茶企业工作的工人做过调查，发现这些人中癌病发病率要比一般企业工人低得多。长年有饮茶习惯的人中，大部分人年逾古稀仍然耳聪目明，精神很好，著名茶人张天福，107 岁时，依然身体健康，思路敏捷，神采奕奕，而他最爱喝茶特别是喝乌龙茶。在日本，人们对乌龙茶的强心抗癌作用认识较早，乌龙茶在日本非常流行，一直是我国出口日本的主要茶叶种类。

乌龙茶具有的这些作用，主要是由它所含的化学成分所决定。根据科学家的分析，茶叶中的有效成分主要有茶多酚、生物碱、氨基酸、儿茶素、微量元素、芳香物等数百种。茶多酚是形成茶汤滋味的主要成分，是一种天然抗氧化剂，能防治动脉粥样硬化，抑制胆固醇，降低血压，具有抗癌肿、抗辐射、抗衰老等多种作用。生物碱是一种血管扩张剂，能促进发汗、利尿、刺激中枢神经、缓解肌肉紧张、助消化等。氨基酸是蛋白质的基本单位，也是形成茶汤滋味的主要成分。芳香物质具有镇静神经、溶解脂肪、舒张血管的作用。微量元素则是人体必不可少的物质，不同微量元素具有不同的性能。

但是，一定要根据自己的体质状况饮用乌龙茶。一般来说，乌龙茶的适应性较广。浓香型、陈年乌龙茶尤其适合养胃。但清香型铁观音、台式乌龙茶，胃寒畏凉体质的人就要慎饮。此外还须注意，空腹不饮，睡前不饮，太烫不饮，太冷不饮，太浓不饮，一天冲泡量宜适当。

关于武夷岩茶有一句话叫“三年陈是药，五年陈是丹，十年陈是宝”，说明武夷岩茶陈茶对养生的保健作用。武夷山九曲山八年陈岩茶活动、瑞善陈茶封坛仪式，都在岩茶陈茶方面做了很多领先的探索工作。当然，岩茶陈茶前提是要有很好的储藏条件，保存好武夷岩茶的品质，变质的不宜饮用。

除通用功效，凤凰单丛还具有其他一些功效：（1）具有天然花香多样性的高香单丛茶，具有香疗作用。（2）凤凰单丛浸泡蜂蜜有利于治疗慢性气管炎、哮喘。（3）凤凰单丛与干姜一起冲泡，有利于感冒治疗、解暑。（4）陈单丛茶对下气、退火、便秘有明显效果。（5）将浸蜜的茶叶外敷使用，对火 / 水烫伤、皮肤过敏、皮肤病也有一定的疗效。

此外，茶叶中的氟化物具有防龋齿、再矿化作用，维生素具有维持眼睛正常视觉的功能，芳香物质又有能清除口中腥、膻、臭等气味以及抗菌等作用。

（二）乌龙茶的精神调节作用

乌龙茶的精神调节作用，主要体现在人们通过品茶活动修身养性，达到一种“淡泊以明志，宁静以致远”的精神境界。

吃茶养生，其实在于养心。而心又属神，养心即养神。到了这个层次，茶的作用，就从物质保健上升到精神养生。

调节良好心态

冲泡乌龙茶，有较为复杂的程序与

技巧，重要的是需要耐心与细心方能掌握。心浮气躁永远学不会，也永远不能享受到其中的乐趣。而心浮气躁，非常不利于身心健康。通过冲泡品饮乌龙茶，可以调节人的心态，减少浮躁，保持宁静。

提高交际能力

与朋友或客人一起品饮乌龙茶，是一种理想的交际方式。有客来，给他端上一杯清茶，立刻就让人感受到你的善意；有好茶，请朋友一起品尝，让人感受你的知心；若是到茶馆去，一边听音乐看表演，一边慢慢啜饮乌龙茶，可以享受多少忙里偷闲的乐趣；若是有二三朋辈，一边品乌龙茶，一边天南海北神聊，还可以宣泄平时积压的烦闷。

升华精神境界

茶，是使人保持清醒头脑的最佳饮料。茶不像酒，酒性如火，多喝伤身。所以陆羽《茶经》倡导的思想是“精行俭德”。经常饮用乌龙茶，学会欣赏乌龙茶，深刻理解乌龙茶，你会折服于乌龙茶所包含的丰富的色香味以及文化思想内涵，从而得到许多人生启示，变得更加有修养，更加有情趣，更加宽容，从而更加快乐起来。

饮茶有益于健康

三、台湾有机茶

有机茶是一种按照有机农业的方法进行生产加工的茶叶。在茶树栽培、茶叶生产过程中，完全不施用任何人工合成的化肥、农药、植物生长调节剂、化学食品添加剂等物质，并且生产出的茶叶产品符合国际有机农业运动联合会（IFOAM）标准，经有机（天然）食品颁证组织发给证书。台湾有机茶生产是一大特色，产品有利于人体的健康。

1980 年起台湾提出“永续茶业”的发展理念，“永续茶业”要求在茶树栽培过程中完全不施用任何的化学肥料和农药，茶叶成品中无任何农药化肥残留。

台湾业界认为，有机农产品是按照有机农法制作生产的。有机农法要满足三个条件：其一，施用单纯的自制堆肥等有机肥料，不考虑化学肥料；其二，不施用化学合成肥料与农药，避免农药残留，除草剂是绝对不能使用的，因为容易形成一些致癌物质；其三，坚持此种方式生产的时间必须在三年以上。这三个条件同时满足，所产制的茶叶才能

芭乐茶包

称为有机茶。

有机茶的发展难处：从1988年起至今，据非正式统计，目前台湾有80公顷左右的有机茶园，仅占整体茶园面积（约23 000公顷）的一小部分，有机茶园之所以难推广，重要原因在于：台湾的有机茶园通常面积比较小，容易遭受邻近传统种植的茶园和农作物的干扰，另外有机茶生产成本高，且无法从外观确认有机茶与一般茶叶的区别。

有机茶对消费者的健康、对整体生态环境的保护都显得相当重要，符合时代发展的潮流。发展有机茶，既需要经营者的用心投入，也有赖于市场监督、政策保护等。因此，建立产地证明标章和有机茶认证、验证、追溯体系等很是必要。

建立数据化的可追溯体系：

（1）茶叶产地证明标章：茶叶产地证明标章有助于消费者识别茶叶的产区，保障台湾茶的独特性与权益。目前已核发的台湾茶叶产地证明标章，用于产品包装上。已核发的台湾乌龙茶茶叶产地证明标章有：鹿谷冻顶乌龙茶、阿里山高山茶、文山包种茶、杉林溪茶、瑞穗天鹤茶、北埔膨风茶、合欢山高冷茶、拉拉山高山茶、南投市青山茶以及鹿野红乌龙等。

（2）有机茶认证机构：有机茶的认证方法，台湾不同于大陆。根据1997年1月出版的《有机农产品标章使用试办要点》，台湾有机茶由各地农业改良场及茶业改良场给予认证。目前，台湾民间有机农产品的验证机构有：财团法人国际美育自然生态基金会、财团法人慈心有机农业发展基金会、台湾有机农业生产协会、台湾有机农业产销经营协会。

（3）建立产销履历程序：为保证从生产源头的农用资财安全到下游的农产品卫生检疫，全面严格把关有机农产品的生产，2003 年伊始，台湾农政单位建立起“农产品产销履历制度”。在茶叶产品生产、加工、运销等各阶段，建立可查询及追溯的机制，让消费者可通过产品上的履历条形码查询产品生产流程中的相关信息，以确保产品质量安全卫生；一旦出现问题，也可以快速找出出错的环节，可立即追溯回收，加强危机管理，降低消费者恐慌。

建立产销履历的具体步骤为：一开始由茶业改良场及各分场按已制定的 TGAP（茶叶良好农业规范）对茶叶产销班进行教育训练，辅导内容包括如何在茶园安全用药，如何在茶园合理栽培及施肥，如何更好地管理制茶时的卫生质量以及茶叶的安全包装等；之后，辅导茶农填写记录并通过实际操作建立数据库，最后向验证机构申请产销履历验证，验证通过后，可得到一个追溯号码。消费者可以利用产品包装上的 15 个字码的履历追溯号进行相关查询。

（4）茶叶农药检验数据化：茶叶改良场不断致力于提升茶叶农药检验信息化，在 2013 年开发茶叶农药检验服务平台，并在 2014 年完成测试。消费者可进入茶叶农药检验服务平台，注册会员开通使用后，还可以在此平台订阅茶叶信息电子报。如此，大大节省了人工操作成本，而且能更有效地管控检验数据及实验室查核质量。

擦亮眼睛购买有机茶：鉴于有机乌龙茶的良好保健功效和卫生安全，市场上对有机茶的需求量在逐渐增加中，加上有机茶的高价位，因此就出现投机分子仿冒的情形。选购有机茶时要小心，最直接、最简单的办法就是查找有认证商标的产品，或者请教有经验的专业人员推荐可购买的地方，再就是货比三家，询问几家经营有机茶的茶农，有条件的话，直接去他们经营的农场参观比较，最后，按照价格高低进行简单的剔除，低于成本价的，一般就不建议购买。有机茶也是按品级分类，一般按照香气与滋味的高低，分不同价位，消费者可对比一般茶叶等级与质量的对应关系，再依自己的需求与价格接受程度来选择购买。

第十篇

佳茗：漳平水仙与永春佛手

位于福建南部的漳平市、泉州永春县产制茶品分别以漳平水仙、永春佛手闻名，二者均获评国家地理标志保护农产品。早在19世纪末20世纪初，它们随同闽南华侨奔赴东南亚，成为著名的“侨乡茶”。随着现代茶产业的发展，漳平水仙、永春佛手逐渐为我国广大的内地市场所知晓，喜饮乌龙茶的朋友多了新选择。

一、“纸包茶”漳平水仙

（一）漳平水仙茶简介

漳平水仙茶是福建漳平茶农创制的传统名茶，是福建省漳平市特产，是中国地理标志产品。由于漳平水仙茶饼是乌龙茶类中唯一的紧压茶，通常也被称作“纸包茶”。

“纸包茶”漳平水仙

（二）人文历史

1. 漳平制茶历史

漳平有着悠久的制茶历史和深远厚重的茶文化。从元代开始漳平就有茶叶种植，到明清时期已具相当规模，并有了专门的茶叶加工作坊。而在漳平境内出土的明代紫砂茶壶，说明漳平很早以前就盛行工夫茶、讲究饮茶文化了。

2. 双洋镇溪口村大会自然村：漳平水仙发源地

清朝末年，宁洋县大会乡牛林坑（今双洋镇溪口村大会自然村）的刘永发在考察了闽北的茶叶种植加工后，从建州水吉引进了水仙茶苗，在大会村牛林坑山坡上进行栽培。其制法与闽北水仙相仿，但因闽南水仙茶外形条索疏松，携带不便，且易于吸湿变质，因此，在最初技艺流程中于揉捻之后增加一道“捏团”的工序，即将揉捻叶捏成小圆团，用纸包固定焙干成型。然而捏团形状大小不一，不便销售，随之创新发明，用山上没有异味的木质制作成一定规格的四方模具，把揉捻好的水仙茶压制成四方茶饼（又名“纸包茶”），然后用盖好印章的白纸包装定型，烘干。

3. 双洋镇中村：漳平水仙茶发祥地

大会乡邻近李溪村（今双洋镇中村）的邓观金慕名来到大会，向刘永发购买了水仙茶茶苗，学习了水仙茶的制作技艺。到20世纪40年代，邓观金已种植茶树3000多株，年产水仙茶1吨多，产品远销我国厦门、漳州、广东、台湾地区及东南亚一带。邓观金还致力于漳平水仙的推广，向南洋镇、赤水镇、新桥镇等地村民赠送茶苗，传授技术，为漳平水仙发展立下汗马功劳。

作为漳平水仙饼的发祥地和主产区之一，中村具有得天独厚的自然环境。中村处在狭长山谷之中，群山环抱，青山对峙，森林茂盛，绿树掩映，云雾缭绕，两条清幽秀丽的清溪穿村而过汇入九鹏溪。邓观金曾经这样描述中村：中村山高林密，半天有日照、半天有荫凉的山场到处可见，是个得天独厚的茶叶栽培地。同时，周围郁郁葱葱的杂树可以挡风，使茶园免受狂风暴雨的摧残；天空云遮、林间雾盖，水分也不易蒸发；选择山坡地作茶园，地上疏松的泥土，既能多蓄存水分，又不致积水。水仙茶最适于在这样的环境中生长。

良好的自然环境和独特的制作工艺，造就了中村水仙茶卓越的品质，其香气清高细长，花香馥郁，滋味柔和细润，鲜爽醇厚，加上传统方块茶饼包装，古色古香，韵味无穷，极具浓郁的传统风味，颇受消费者的青睐。

4.“泰昌茶庄”品牌

双洋城外村横街是加工茶叶的中心地带，著名的宁洋“泰昌茶庄”就在城外青云桥开设茶厂，收购茶叶加工外销，产品畅销国内的潮、汕及东南亚地区。双洋集镇（原宁洋县）遗留的梯带状茶畦遗址，清代中叶经营茶叶发家致富后构建的宏伟壮观的东洋村古民居（如赖氏二大院、吴氏二大院），以及温坑余氏大土楼等，均为当时著名的茶馆会所。光绪癸丑年（1903年），泰昌茶庄商标品牌——中国泰昌，知名度很高，茶品销售鼎盛，茶品采用铁盒包装，十分精致。

5. 漳平水仙产业现状

近十几年来，在漳平市历届政府的全力推动和专业茶叶科技人员的指导帮助下，制茶家族传人精心挖掘、整理、研究漳平水仙茶传统制茶技艺，对传统技艺进行优化整合，探索、制定了一整套完善的规范技艺流程和技术标准，漳平水仙茶产品多年多次荣获国家和省部级金奖，成为漳平的国家级名片。由此，极大地推动了漳平市茶产业发展，为漳平市政治、经济、文化、生态建设做出了显著的历史性贡献。

（三）荣誉认证

漳平水仙茶早在民国初期便漂洋过海，大量出口我国香港、台湾地区，以及日本等东南亚国家。漳平水仙于1995年在第二届中国农业博览会上获得金质奖，并在历届福建省茶叶评审会上获名优茶奖，并被中国茶叶博物馆收藏，成为中国名茶成员。

周恩来总理对漳平水仙茶情有独钟，在1956年会见日本朋友时，周总理专门向日本客人推荐和介绍水仙茶。

2007年12月24日福建省质量技术监督局发布漳平水仙茶产品质量标准。漳平九鹏茶叶有限公司被省农业厅认定为农副产品名牌产品，通过QS认证的茶企业达15家，大汇茶场获得有机食品认证，南星茶园、九鹏茶叶有限公司获绿色食品认证，南仙茶叶有限公司等7家茶叶企业被认定为龙岩市龙头企业。

2007年漳平水仙茶荣获福建名茶奖，2008年水仙茶荣获中国农副产品博览会金奖。2008年2月漳平水仙茶综合生产标准化示范区被国家标准委员会批准列入第六批全国农业标准化示范项目。2008年4月，“漳平水仙茶”地理标志集体商标获国家商标局注册。2008年12月“漳平水仙茶”、“九鹏”商标获评龙岩市知名商标。据统计，到2010年，水仙茶饼获省级以上的奖项多达三十多项。

（四）品质特征

漳平市是中国南方茶叶的重要产地之一。漳平水仙茶饼结合了闽北水仙与闽南铁观音的制法，用一定规格的木模压制成方形茶饼，是乌龙茶类唯一紧压茶，品质珍奇，风格独一无二，极具浓郁的传统风味。漳平水仙冲泡后汤色橙黄明亮，滋味浓醇甘爽，香气清高幽长，具有如兰似桂的天然花香，滋味醇爽细润，鲜灵活泼，经久藏，耐冲泡，喉韵好，有回甘，更有久饮多饮而不伤胃的特点，除醒脑提神外，还兼有健胃通肠、排毒、去湿等功能。

（五）所在地域及地理特征

漳平市位于福建省西南部，九龙江上游，地处北纬24°54′～25°47′，东经117°11′～117°44′。全市总面积2975平方千米，耕地面积1.22万公顷，山地面积25.6万公顷，是“九山半水半分田”的山区。漳平市地形的主要特点是东西窄南北长，南北高东西低，山岭起伏，群峰密布。九龙江流经漳平市中部，横切戴云山—博平岭山带，使地形从南北向河谷倾斜，中部为九龙江河谷丘陵和低山，从河谷向两侧成阶状上升。北部除河谷地区有部分丘陵外，大部分为中低山地，其中以低山为主。以新桥为界，东缘属戴云山脉南部的西南坡，西缘属玳瑁山脉的东南坡。全市地处南亚热带山地农业气候区，自然条件优越，光、热、水资源丰富。全市气候温和，光照充足，雨量充沛，冬无严寒，夏无酷暑，年平均气温为16.9℃～20.7℃，全市大部分地区一年有6个月（5～10月）平均气温在20℃以上，年日照时数为1513.2～2569.2小时，年降雨量为1450～2100毫米，年降雨日数在120～170天，年平均相对湿度为78%～81%，无霜期长达286～306天。漳平市森林覆盖率达79.4%，境内野生茶资源丰富，是福建省三大野生茶基地之一。当地土壤以黄、红壤为主，pH值为4.5～6.5，土层深厚，土质松软，保水性能好，有机质含量达2%，矿物质营养元素丰富，为漳平水仙茶形成独特的色、香、味奠定了天然基础。

（六）制作工艺

漳平水仙茶饼制作工艺流程为：鲜叶→晒青→晾青→做青（摇青与摊放交替）→杀青→揉捻→毛拣→压模造型→烘焙→摊凉→包装。漳平茶农吸取了武夷岩茶和闽南水仙茶制茶原理，结合漳平水仙茶的实际，创造出一套漳平水仙茶的独特制茶技艺，并根据季节、气候、鲜叶等不同情况灵活“看青做青”和“看天做青”。做青前期阶段使用人工摇青，做青后期阶段使用摇青机摇青。摇青掌握轻摇多次原则，做青前期阶段轻摇，做青后期阶段适当重摇。晾青掌握薄摊多晾原则。经炒青、揉捻后，采用木模压制成型，最后进行多次炭焙。用木模具定型是漳平水仙茶制作中特有的工序。经过层层工序之后，最终形成外形独特、品质优异、带有天然的“兰花香”和“桂花香”高雅品质的漳平水仙茶。

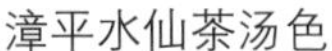
漳平水仙茶汤色

漳平水仙茶叶底

延伸阅读

小众茶也有大市场
——漳平水仙茶如何走天下

我是新一代茶农。

我的家乡漳平市，其名取“邑居漳水上流、千山之中，此地独平”之意，位于福建省西南部，九龙江上游。这千山独平之地，孕育了大自然馈赠的瑰宝——漳平水仙茶。

很多品过漳平水仙茶之人，都被其独特的品质所惊艳。茶界泰斗张天福老先生在世之时对漳平水仙茶青睐有加，称其为“乌龙茶中的小姐”。

漳平水仙茶到底有怎样的魅力让人着迷？

漳平的历代茶农综合了闽北乌龙与闽南乌龙的初制技术，根据当地水仙品种特性，创制了漳平水仙这一工艺独特的乌龙茶类唯一的紧压茶饼。

从采摘、晒青、做青、杀青到揉捻、做形、烘干，复杂的工序，大量的手工劳作，造就了漳平水仙茶优秀的品质。

在做形阶段，将刚刚揉捻好的茶叶，用木模压制造型，再用白纸定型，这个环节是漳平水仙茶特有的工序。

手工制作既是漳平水仙茶制作技艺的特点，也是造就漳平水仙茶品质的关键。虽然如今揉捻机已完全取代了以前的人工揉捻，但是在最核心的几道工序，比如采摘、做青、做形等工艺上，手工依然占据主导地位。在做茶的期间，做茶人非常辛苦，常常一晚上只能睡三四个小时，而且这样的状况要持续十几天甚至二十几天。

我刚从大学回来曾经问过父亲，为何不学安溪、武夷山等地那样用机械化生产代替手工制作，这样就不用这么辛苦了。父亲解释道：“我们漳平水仙茶是小众茶，产量低，只有把品质做上去，大家才会买我们的茶。用机械生产的方式是做不出好的漳平水仙茶的。”

很多人把漳平水仙茶称为“小众茶”或者“小种茶”。这当然是因为产量低的缘故，也是由于漳平水仙手工制作的特性导致。早年我曾跟着父亲拜访老一辈的做茶师傅朱瑞堂，当时老先生经常念叨，漳平水仙做茶讲究天时、地利、人和。意思是不同于其他能够用机械化生产的茶类那样，调整好机器参数，就能做出相对统一品质的茶叶。对于漳平水仙茶，天气冷热干湿，茶园的海拔高低，土壤的肥瘦酸碱，日照的长短强弱，做茶师傅的心理状态甚至生理状态，都会影响每批次茶的品质。

很多人认为漳平水仙是小种茶，是走不出去的。这几年在外闯荡市场的经历让我明白，这是一个讲究个性的时代，而漳平水仙茶的品质个性就是其最大的市场魅力。

漳平水仙茶目前一年的总产量大约为250万斤，剔除因气候环境、茶青质量和做工等外界因素造成的质量不等，真正的好茶充其量占三分之一左右。只有好茶才能带来好印象，带来回头客，所以，只有大大提高水仙茶好茶的比重，才能为漳平水仙茶打开市场，才能使其卖出好价钱，这样，小众茶才能出高效益。

那么，怎样才能做出好茶呢？

茶园管理是关键。

我跟我父亲学习这几年，坚持了这几条原则：一是坚持人工除草，二是坚持施有机肥，三是不贪多只求质，每年只做两季茶。我们的理念是：即使做不出最好的茶，也要做出最干净、最安全的茶。

人工除草虽然费工费时，但是既可以改良土壤的团粒结构，利于保水，又避免了除草剂的残留。在目前普遍缺乏劳动力的农村，做到这一点殊不容易。可喜的是，近几年在政府的指导和茶农的互相鼓励下，人工除草已经成为水仙茶产区茶农们的共识和自觉行为。这是占领小众茶市场份额的长久之计。

认真做茶，做好茶是重点。

做人工茶，制茶师傅的感觉很重要。这犹如鬼斧神工般的感觉，一是靠师承，二是靠积累总结。我的体会是，原材料好坏占一半因素，做青占40%因素，而揉捻和烘焙的功夫只是在这90%基础上的锦上添花。

在销售中，按水仙茶质量的优劣差级定价，童叟无欺，是保持市场信誉的重要原则。这几年，我跟我父亲做的茶，高端大气的茶卖到两三千元一斤，质量稍次的，也能卖上两三百元，一分钱一分货，所以回头客越来越多。

我的结论：小众茶，是手工茶，也是师傅茶，更是老实茶，在质量上不能有一点含糊，在价格上不能有一点欺瞒，这样小众茶才会“一茶难求”。

2008年的时候，茶界泰斗张天福老先生来到我的家乡漳平市南洋镇，并亲自来到我家茶厂与我父亲交流水仙茶。那时我还是个14岁的小孩。我的父亲有幸得到老先生的指点。老先生将水仙茶比喻为“乌龙茶中的小姐”。一开始我还不是非常理解。十年的时间里，当我自己拿着竹筛摇青开始做水仙茶的时候，我慢慢懂得了漳平水仙茶的玄妙。

最后我想说的是，对于很多人来说，漳平水仙茶是一块四方茶饼；对于有些人来说，水仙茶是带给他们富裕生活的饭碗；对于我来说，漳平水仙茶承载了我从呱呱落地到如今所有的记忆，是父亲对我的谆谆教诲，是一种传承，更是一种责任。这就是我放弃了在大城市创业、工作的机会，回到南洋这个小乡镇，甘之如饴地做一个“茶二代”的缘由。

（沈达铭　四方君茶业）

● 延伸阅读

漳平水仙茶栽培管理技术规范
（征求意见稿）

一、园地选择

1. 环境要求。选择生态环境好，空气、水源、土壤未受污染，周围远离工厂、医院、矿区等污染源的地方作为茶叶生产与加工基地。茶园最好周边森林、植被保存较好，生态平衡。

2. 土壤条件。土壤要求通气和排水性良好，土层深厚达 1m 以上，有机质含量达 3% 以上，pH 值 4.5～6.5，地下水位 1m 以下。

3. 坡度要求。地势较平缓，坡度在 25° 以下，坡度超过 25° 禁止开山种茶。

二、茶园规划

4. 茶园规划。遵循山顶留“帽”、山脚穿“鞋”、山腰绑“带”原则。局部园地坡度大于 25° 的地段不开垦，修建梯层的要求是：梯层等高，环山水平；大变随势，小变取直；心土筑埂，表土回沟；外高内低；外埂内沟；梯层接路，路路相通。

三、园地开垦

5. 等高梯层。山地坡度 5°～25°，应修建等高梯层茶园；5° 以下者，等高种植，亦可开垦水平宽幅梯层；25° 以上不宜开垦茶园。

6. 梯层宽度。梯层种植一行茶树，梯面宽不小于 2.0m（包括内侧横沟与园埂）。种两行茶树需 3.2m～3.5m，多行茶树按行距类推。

7. 梯壁高度。不宜超过 2.0m。根据山地不同坡度和梯壁构筑材料确定合适的梯壁倾斜度，一般在 60°～70°，石壁可在 80° 左右。

8. 梯壁构筑。就地利用石块砌壁最好，亦可采用心土夯筑，尽可能表土回园或回种植沟。梯沿设园埂，高于梯面 15cm ～20cm。梯壁建成后应种植固梯护壁植物。

9. 缓坡道路。在茶园开垦前，根据山地的地形与面积大小，确定道路的类型与路线。要求缓坡道路连接成网，既便于交通和缓冲径流，又减少占地。大面积集中成片茶园，应设干道与公路相接。茶山各片茶园间设支道，与干道相接，缓坡迂回上山；上下梯层间设步道。

10. 蓄水排灌。①横沟蓄水，以蓄为主，蓄排兼用。每一等高梯层内侧开设一条横沟，横沟底宽、深各 30cm，沟内每隔 4m～8m 筑一坚实土埂，面稍低于梯面，以调节水流。②纵水沟设在各片茶园两侧，或靠近自然小溪涧一侧，要与梯层横沟及茶园上、下方的隔离沟相接，以便大雨暴雨能排洪，不冲塌梯层，旱季能引水入园灌溉。纵沟宽 40cm～50cm。③纵沟与横沟连接处设置沉沙坑。坡度大的地段，纵沟需分段建立消力池，降低跌水冲击力。

四、茶树种植

11. 挖种植沟。挖开表土后，按宽和深 50cm×50cm 的规格挖种植沟，用挖出的心土砌筑梯层外埂。外埂高出台面 15cm，宽度 25cm～30cm。并且要夯实，首尾要特别加固，防雨水冲刷或受力崩塌。

12. 施有机肥。每 667m^2 用 2500kg 农家有机肥和过磷酸钙或钙镁磷肥 50kg 拌匀后施放种植沟内，再覆盖上细土，把表土回填入种植沟内，填平种植沟。

13. 种植密度。1.5m 以下平台，靠梯壁 50cm 处以单行单株种植，株距 40～50cm；1.5m～3.0m 平台，靠梯壁 50cm 处以双行单株种植，行间距 50cm，株距 80cm。每 667m^2 种植 700 株～1000 株。如平地茶园，株距 50cm～60cm，行距 150cm，每 667m^2 种植 750 株～900 株。

14. 种植时间。选择幼苗休眠期为宜，春栽以立春至惊蛰为好，秋栽以寒露、霜降前后的小阳春气候为好。

15. 种植技术。秋冬季或早春，雨后土壤湿润时栽植。根系向下，勿与肥料接触，并压实、踩紧，覆土至根颈处，或稍高些。栽植后，茶行铺草覆盖，亦可全园覆盖。

五、幼龄茶园管理

16. 抗旱保苗。茶苗移栽后，要保持茶园土壤湿润。一周内无雨，要及时浇水，抗旱保苗。

17 清除杂草。茶苗移栽后应及时拔除附近杂草，并根据土壤板结情况进行浅耕除草，一般一年进行 3 次～5 次。

18. 间苗补苗。新植茶园，一般均有不同程度缺株，应在建园 1 年～2 年内将缺苗补齐，最好采用同龄茶苗，补植后要浇透水。

19. 肥水管理。耕作管理的重点是浇水、遮荫、除草、保苗。晴日午后发现嫩芽梢有轻度萎蔫时要采取浇水、灌溉、遮阴等措施。施肥掌握薄肥勤施的原则，一年追肥 3 次～4 次。在芽梢萌动前 20d（天）左右每 $667m^2$ 每次用 5kg 尿素挖沟施入，如用稀人粪尿或尿素兑水，可直接浇施，尿素兑水比例为 1∶200，同时每两年秋季施一次有机肥，每 $667m^2$ 用农家肥 1000kg 加饼肥 50kg～100kg，低山区施肥时间选择在 11 月下旬，高山区适当提前，结合秋季深翻施入。

20. 定型修剪。幼龄树一般要进行 3 次～4 次定剪，一年春夏秋季节都可进行，以春茶茶芽未萌发之前的早春 2 月～3 月为最好。第一次定剪在茶苗高 30cm 以上，离地 5cm 处茎粗超过 0.3cm，且有 1 个～2 个分枝即可开剪，在离地 15cm～20cm 处剪去主枝顶端新梢，不剪侧枝。第二次在原剪口提高 15cm～20cm，即离地 30cm～40cm 处剪去，注意剪去内侧芽，保留外侧芽，促使茶树向外分枝伸展，同时剪去根颈处的下垂枝及弱小分枝。第三次定剪在第二次剪口上提高 10cm 左右，即离地 40cm～50cm 处，水平剪除上部枝梢。第四次在离地 60cm～70cm 处修剪成弧形并培养树冠。第二至第四次定剪都是对在上次定剪基础上所萌发的茎粗 0.4cm 以上，展叶数达 7 片～8 片叶以上，已达半木质化的枝条进行的修剪。幼龄期间贯彻“以养为主，适当打顶”的采养方法，即在茶梢生长达到定剪高度以上进行打顶采，坚决防止早采、强采和乱采。

六、成龄茶园管理

21. 茶园中耕。在每季追肥之前，结合除草进行浅耕，土壤耕翻深度在 10cm～12cm。深耕在每年的茶季结束后及时进行，结合施有机肥料，土壤耕翻深度在 15cm～30cm 或更深一些。

22. 茶园除草。宜采用人工除草，限制使用除草剂。为保持水土，坡度茶园梯壁杂草以割代锄。

23. 茶园覆盖。在夏至前后用草覆盖于茶树行间，厚度 3cm 左右，每 $667m^2$ 用草 1000kg～1500kg，覆盖物离茶树基部 5cm～10cm。

24. 茶园施肥。①基肥以有机肥为主。选择在茶树地上部停止生长后，结合茶园深耕进行施基肥，一般在 10 月底至 11 月中旬茶季结束后进行。基肥用量占全年肥料用量的40%左右。每667m^{2}施有机肥1500kg～2500kg，配合饼肥100kg～150kg，过磷酸钙25kg～50kg，硫酸钾15kg～20kg。基肥要深施。通常在茶丛边缘垂直向下位置开沟施肥，也可隔行开沟，每年更换位置，沟深、宽各30cm。②追肥。追肥以速效肥料为主，常用的有复合肥、茶叶专用肥等。追肥一般每年施3次，分别于春茶前、春茶后和秋茶前施用。追肥以氮肥为主，辅以磷、钾肥，氮、磷、钾三要素用量比例为2～3：1：1。施肥量根据鲜叶产量而定，每666.7m^{2}产鲜叶100kg～200kg，每年施纯氮7.5kg；产鲜叶200kg～400 kg，施纯氮7.5kg～10kg；产鲜叶600kg，施纯氮15kg。在一年中的三次追肥施用量分配比为4：3：3。施肥部位同基肥，沟深5cm～10cm即可。③根外追肥。在土壤追肥不足，影响茶树生长时，可使用根外追肥弥补。根外追肥常用肥料种类及施用浓度见表1。

表1　茶树根外追肥常用肥料种类及施用浓度表

肥料种类	施用浓度（%）	肥料种类	施用量（mg/kg）
尿　素	0.25～0.5	钼酸铵	20～50
硫酸铵	0.5～1.0	硫酸锰	50～100
过磷酸钙	0.5～1.0	硼　酸	50～100
硫酸锌	0.5		
硫酸镁	0.05～0.25		

25. 套种绿肥。常用绿肥品种为豇豆、大叶猪屎豆、花生、爬地兰等，根据套种绿肥特性，及时播种，合理密植。

26. 茶园灌溉。用喷灌、滴灌、地面灌溉等均可。灌溉水应符合GB5084要求。

27. 茶园排水。对易发生湿害的茶园做好开沟排水设施。

七、茶树修剪

28. 采摘茶树轻修剪。采摘茶树采用压强扶弱抽枝剪为主，以控制高度，扩大树幅。抽枝剪时期以春茶前后为宜，方法是对茶树进行壮枝重剪，弱枝轻剪或不剪，密枝多剪，疏枝少剪。抽枝剪也可在每季采茶后分别进行。在抽枝剪的同时，根据冠面情况在茶季采后进行树冠表面轻修剪，剪去树冠上部3cm～5cm的枝叶。

29. 采摘茶树深修剪。当树冠面由于多年采摘和轻修剪后，分枝细弱，树冠面上细枝结节（俗称“鸡爪枝”）增多时，茶树育芽能力减弱，萌发的茶叶瘦小，对夹叶增多，产量和品质下降时，应进行深修剪，剪去树冠面上部10cm～15cm的细弱枝条。深修剪时间在早春茶芽萌动前20d或秋末冬初封园后进行。

30. 衰老茶树重修剪。重修剪的对象主要是未老先衰的茶树及树冠虽然衰老但骨干枝仍然粗壮的茶树。可剪去原树高的三分之一以上，一般离地高度30cm～40cm，剪成平面略弧形。并清除茶树蓬内的弱枝、枯枝和下垂枝。切口要平滑稍斜，切忌破裂。为照顾产量，一般在春茶后或早秋进行为宜。

31. 衰老茶树台刈。茶树树势十分衰老，主干白色，寄生苔藓、地衣，粗老枝干及枯枝多，分枝、叶片均稀少，生长势弱时，采用台刈方法进行树冠改造。台刈宜在春茶前或春茶后进行，方法是在离地面5cm～10cm处用锋利砍刀或锯子进行台刈，要求切口平滑倾斜并防止破裂。发现害虫应捕杀。

32. 茶树修剪配套技术措施。修剪应与肥水管理相配合。修剪前要深施较多的有机肥和磷肥，剪后新梢萌发时，及时追施催芽肥。修剪与采、留相结合。修剪后应进行留叶采，以养为主，采摘为辅。修剪与防治病虫害相结合。茶树修剪后，新梢萌发、枝叶柔嫩，对病虫害应及时检查防治。

八、茶树病虫害防治

33. 防治原则。以农业防治为基础，生物防治、物理防治与人工防治相结合，运用农业技术措施努力减少病虫源，提高抗病虫能力，减少用药次数。茶叶禁止使用剧毒、高毒、高残留的农药。在使用农药时要求做到“严格、准确、适量”。按照GB 4285和GB/T 8321.1、GB/T 8321.2、GB/T 8321.3、GB/T 8321.4、GB/T 8321.5、GB/T 8321.6、GB/T 8321.7规定执行，根据所选用农药的安全间隔期安排施药时间，并过了安全间隔期才能采摘。严格按照农药产品标签规定的剂量、防治对象、使用方法、施药适期和注意事项进行。

九、低产茶园的改造

34. 改造对象。水、土流失严重，土质贫瘠，梯层崩塌，缺株断行，茶根裸露，茶芽细小，发芽能力减弱，并出现枯萎枝梢，混杂劣株，茶园每666.7m^{2}产量低于50kg以下的旧茶园或未老先衰的茶园。

35. 改造技术。①改园。修整梯壁，植草护坡，改梯层不等高为等高，改梯层内高外低为外高内低或修筑梯埂，内侧挖横蓄水沟；改纵沟、纵路为横沟与环山缓坡路；对结构单一的茶园，道路两旁、陡坡空地、易水土流失地可种植经济林或观赏树木，改善茶园生态条件。②改土。在茶树行间深耕30cm以上，将表土埋入底层，底土翻上，使其熟化，在深翻的同时，在茶树行间挖沟，每 666.7m^2 施有机肥 1000kg，磷肥 30kg～40kg。深耕应选在 10 月至 11 月期间进行。对土层浅薄、石砾多、肥力差的茶园，也可用富含有机质的肥土、森林表土、塘泥、水库泥等改良土壤客土培树。③改树。见“七、茶树修剪”。

36. 改植换种。对有品种混杂或品质劣、空缺多、茶株极小的老茶园，可按新建茶园要求，重新改植换种。

37. 增行补密。对有缺株或稀植茶园，要适当补密。对原有茶树外移、梯壁内移的茶园，在茶行内侧重新开沟，施基肥，种上优良种苗，对外沿老茶树做修剪或台刈，留有余地作护壁，保持水土。也可采取同品种茶苗大苗补植。

十、达到目标

38. 茶树达到目标。①树高。山地茶园，树冠高度控制在 60cm～80cm；平地茶园，树冠高度控制在 80cm～100cm。②树幅。树冠采摘面在 110cm～150cm，树冠覆盖度达 85% 以上。③芽头密度和百芽重。采摘面芽头密度 800 个 /m^2 以上；百芽（一芽三叶）重 120g～150g。④叶面指数。茶树绿叶层厚度在 25cm～35cm，叶面指数 3～4。⑤成年树骨干枝。一级骨干枝茎粗 1.7cm 以上；二级骨干枝茎粗 1.2cm 以上；三级骨干枝茎粗 0.7cm 以上；采摘面萌芽桩粗 0.2cm 以上。⑥产量。每 667m^2 产干毛茶 100kg 以上。⑦品质。茶鲜叶应完整、新鲜，合格芽梢占 95% 以上。

二、永春佛手茶

福建省泉州市永春县现有佛手茶园 4.7 万亩，年产 4800 多吨，是全国最大的佛手茶生产、出口基地。永春佛手茶栽培历史悠久，品质优异，是独具地方特色的名茶。2006 年 12 月 28 日，国家质量监督检验检疫总局发布 2006 年第 203 号公告，批准对永春佛手实施国家地理标志产品保护。2009 年 2 月，永春佛手证明商标注册获国家工商行政管理总局批准。

永春茶园

（一）佛手来源　早期历史

1. 佛手茶的来源

佛手茶，又名香橼种、雪梨。其叶片宽大肥厚，与佛手柑叶片相似，加工后具有天然佛手柑果香，因而得名。佛手茶原产于闽南地区，最早的文字记载显示，其源于永春达埔狮峰岩——清康熙四十三年（1704 年）达埔镇狮峰村的《官林李氏七修族谱》卷一记载：“狮峰岩初建成，僧种茗芽以供佛，嗣而族人效之，群踵而植，弥谷被岗，一望皆是。”《官林李氏七修族谱》还载有贡士李谢策的《狮峰茶诗》：“活水还须活火煎，清泉安得佛山巅。品茗未敢云居一，雀舌尝来忽羡仙。”由此可见，永春大面积栽培佛手茶已有 300 多年历史。

永春佛手茶树

2. 早期种植历史

光绪年间（1875—1908 年），桃东开设峰圃茶庄，在石齿山上开辟茶园，种植佛手、水仙、铁观音等，产品远销南洋各地。

民国期间，许多旅居海外的永春华侨回乡开发荒山，种植佛手茶等作物，

其中以华兴公司和官林垦植公司最为突出。民国六年（1917年），旅居马来亚的华侨李辉芳、李载起、郑文炳等集资创办永春华兴种植实业有限公司，在太平虎巷开垦荒山，于1918年种植佛手、水仙茶苗7万多株。华兴公司所制“虎巷佛手”色香味俱佳，名扬闽南各地，且由厦门经销至我国港澳地区和东南亚各埠，颇负盛名，产量最高时达11.5吨。至中华人民共和国成立前，华兴公司共种植茶树192亩；中华人民共和国成立后，股东增资扩营，开发龙坑山地，1950年种植茶树283亩。

民国二十年（1931年），达埔狮峰村旅居印度尼西亚的李氏宗亲李原尊和在乡的李原滩等人集资创办官林垦植公司，在狮峰岩垦复茶山，种植茶苗5万多株。公司所产“狮峰佛手”用特制铁盒包装，销往各地，并通过厦门茶栈转销我国港澳地区及东南亚各地。

在华侨回乡开发种植茶树的同时，许多民众也发展佛手茶生产。《永春县志》（1990年版）记载：1920年以后，有一些农民在岱山、龙旗山、伏狮山、虎巷、鼎仙岩、福鼎山、玳瑁山、雪山、乐山、白珩山、皇古山、天湖岩等地垦荒种茶。1934年全县种植茶树1100亩，产量25吨。1936年前后，又有高山奄、龙旗寨、石峰岩、金峰寨、蔡垄、乌石虎、牛心垵、茶山、张山、格头、姜埕、高阳、苏坑、锦斗等地垦辟茶园。1936年全县茶叶总产量达157.5吨。1949年全县种植茶园2500亩，产量达127.5吨。

永春佛手茶在清朝康熙年间就成片种植，永春当地民间不仅将之作为茶饮，且用之作促消食、助消化等之用，使其成为居家必备之物。永春县又是著名侨乡，许多华侨回乡省亲后，不忘带些佛手茶到侨居地享用，或馈赠亲朋好友，因而使得佛手茶在永春华侨聚居的东南亚等地，渐渐形成了一定的消费市场。当时永春佛手茶虽所产不多，但通过泉州、厦门港口源源不断地销往海外，国内外出现了一些经销永春佛手茶的茶庄、茶店，佛手茶产业逐渐兴起。

（二）生产发展　产业形成

20 世纪 50 年代以后，政府重视发展茶叶生产，佛手茶种植面积快速增加。从 1959 年起，永春县北硿华侨茶厂加工的永春佛手茶开始成箱出口。1971 年，曾改“佛手”为“香橼”。1979 年以后，永春佛手茶发展迅速。1982 年 4 月，福建省人民政府确定永春县为全省三个茶叶出口基地县之一。1983 年，永春北硿华侨茶厂生产的“松鹤”牌永春佛手茶被全国华侨茶业发展基金会评为“培植发展出口优质产品”。1985 年，佛手茶被福建省作物品种审定委员会认定为省级良种。这一年，永春县全县佛手茶园面积达 9000 多亩，茶叶年产量 200 多吨，茶叶远销东南亚各地 5000 多公斤。1986 年，永春县正式成为全国乌龙茶出口基地县。1995 年，永春县佛手茶园面积达 1.8 万多亩 , 年产量达 1500 多吨 , 年产值约 2000 万元 , 出口量 1200 多吨 , 出口创汇达 100 多万美元。2005 年，永春县佛手茶园面积达 3.4 万多亩，产量达 3500 多吨，产值约 1.05 亿元，出口量 2100 多吨，出口量占总产量约 60%，创汇 600 多万美元，占茶叶年产值的 46.9%。2007 年永春县佛手茶园面积达 3.2 万亩，年产量为 2700 吨，销往东南亚各地 1200 吨。永春县佛手茶园主要分布在玉斗、苏坑、东关、湖洋、锦斗、蓬壶、达埔、吾峰等乡镇。

永春县高度重视茶产业的发展，制定了许多扶持政策。2009 年出台《关于加快茶叶产业发展的意见》(永政办〔2009〕167 号)，2010 年出台《永春县农业产业化“十百千万”工程实施方案》(永政文〔2010〕150 号)，2011 年编制《永春县“十二五”精品农业产业化发展规划》，推进茶叶产业化进程，全面提升永春县茶叶的产业化、标准化、品牌化水平，使茶产业持续健康发展。

2013 年，永春县佛手茶园面积增加到 4.7 万亩，产量达 4300 吨，年产值达 3 亿元，成为全国佛手茶栽培面积、产量和出口最多的县份，产品远销美国、欧盟各国、日本及东南亚等 20 多个国家和地区。永春县全县涉茶农户 5.8 万多户，直接或间接的茶业从业人员超过 14 万人，茶叶初制加工厂 12 800 多家、精制加工厂 7 家，拥有省级农业产业化龙头企业 1 家、市级农业产业化龙头企业 4 家，茶叶年产值达 8.7 亿元，涉茶总产值超 12 亿元。全县茶叶企业和茶庄茶店达 1250 多家，在北京、上海、广州、深圳、济南、福州、厦门等大中城市开设茶庄、茶店 200 多家。全县共建成大型茶叶交易市场 2 家，茶产业成为永春县重要的农业产业和农民收入的主要来源之一。

（三）科技创新　产业升级

1. 栽培技术改进

长期以来，佛手茶栽培习惯于密植、偏施氮肥和平面修剪。密植导致茶树个体拥挤、生长空间小，大叶特征表现不出来；偏施氮肥使芽头细长、叶张薄，鲜叶质量不高；佛手茶树形披展，平面修剪易把一部分有效枝条剪去，导致芽头密度不高、降低产量。20 世纪 90 年代末期以来，根据佛手茶的品种特性，对其栽培技术加以改进，取得了显著成效。主要改进技术：一是茶园种植密度从 3000～4000 株 / 亩改为 2000～2500 株 / 亩，合理密植。二是薄肥勤施、配方施肥。肥以有机肥为主，占年施肥量的 40%，各茶季再追施速效肥 4～5 次，占年施肥量的 60%。三是用打顶抽枝结合平剪培育树冠。先用打顶抽枝把个别高于冠面的枝条从基部剪除，再进行平面修剪，以免大量破坏冠面，从而培养茂密树冠，增加芽头密度，以获得高产。四是合理采养以提高秋冬茶产量。春茶采后即进行深修剪，夏茶养树不采，暑茶轻剪，调整春、秋、冬各季产量比例为 40:30:30，增加秋冬茶比例，提高经济效益。

2. 初制加工技术创新

传统的佛手茶初制加工工艺存在摇青程度较重、揉捻和包揉时间较长的问题，以致汤色较深，鲜爽度较差，不能适应市场需求。

佛手茶鲜叶形态表现为叶张大、叶肉肥厚、质地柔软、叶面角质层薄等种性特点，青叶在制作加工过程中容易出现发酵、茶汁胶黏等。根据上述鲜叶特点，20世纪90年代末期以来，改变传统初制加工工艺，形成制优加工工艺，其流程为：鲜叶→凉青→晒青→摊凉⇌摇青→杀青→冷却→初包揉→初烘→再包揉→复烘→复包揉→足火等。制作上采取轻度晒青，改“重摇”为“适当轻摇”，摇青3～4次，增加空调调节做青间温湿度，适当延长做青发酵时间，做青适度叶即行杀青，而后转入烘包造型，进行三烘三包揉，促使其形成永春佛手茶特有的似海蛎干的外形；足干烘温先高后低，慢焙直至出现花果香，使成茶色泽砂绿乌油润、香气馥郁、滋味鲜爽醇厚，成为形、色、香、味俱全的产品，符合当前市场需求。

永春佛手茶

3. 建设生态茶园，推广无公害茶叶生产技术

永春县地处南亚热带向中亚热带过渡地带，森林覆盖率为69.5%，生态条件好，素有“万紫千红花不谢，冬暖夏凉四序春”之美誉。永春县充分发挥自然资源优势，建设生态茶园，大力发展无公害茶叶生产。永春县成立永春县生态茶园建设领导小组，制定《永春县生态茶园建设实施方案》，组织编印《永春县生态茶园建设规划》《永春县生态茶园建设技术要点》，举办多种形式的生态茶园建设技术培训。永春县坚持高标准建茶园，立足保护生态环境，以茶园“头戴帽、腰系带、脚穿鞋”为建设模式，大力推行山顶等重要生态部位退茶还林、茶园套种绿肥、梯壁留草种草、园面铺草、路边空地种树等措施；加强茶园道路、水利、水土保持基础设施建设，大力推广茶园节水灌溉技术，提高茶园水利化程度；积极推进采摘、修剪、耕作机械化，增强综合生产能力。自2007年启动生态茶园建设项目以来，永春县共建设县、乡、村三级66个、3万亩生态茶园示范片，辐射带动全县13万亩茶园的生态建设和病虫生态防控，改善了茶园的生态环境，进一步促进了永春生态名茶优势产业的形成与发展。

永春县生态茶园建设与无公害茶叶生产技术的应用成效显著。2007年12月，永春县茶叶产地被认定为福建省无公害农产品产地，产地规模11万亩。2010年2月永春县被中国绿色食品发展中心批准为“全国绿色食品原料（茶叶）标准化生产基地县”。

4. 实施佛手种质资源保护

佛手是独具特色的优良茶树品种，1985年被确定为福建省茶树良种。狮峰岩是佛手茶的发祥地，现仍存有百年老茶树，是珍贵的种质资源。永春县重视开展佛手茶种质资源保护，积极申报，2008年，狮峰岩百年老茶园的佛手茶树被福建省农业厅划入第一批保护范围。根据保护要求，对89株原种母树，砌壁填土后让其自然生长发育；对4.5亩第二、三代树，清除树木杂草、采取轻采留养方式，让其旺盛发育；对2001年种植的21亩茶树，应用标准化生产技术，加强肥培管理，轻采春秋茶、留养夏暑茶，促进树势旺盛生长。同时，确定专人负责，落实保护措施，建立管理档案，长期坚持保护。

5. 佛手茶保健作用的研究

永春民间历来有将永春佛手茶作为药用之习惯。早在20世纪初，永春佛手茶就以“侨销茶”之名远销东南亚各国，东南亚一带的华侨不仅将其作名茶品饮，还经年贮藏，以作清热解毒、帮助消化之用。有诗赞曰：“西峰寺外取新泉，品饮佛手赛神仙。名贵饮料能入药，唐人街里品茗篇。”

2002年，福建农林大学郭雅玲教授，通过对10个乌龙茶品种的68个茶样黄酮类化合物总量的检测，发现永春佛手茶黄酮类化合物含量平均值为12.00mg/g，是68个茶样中总量最多的。德国医学专家发现，黄酮能调节血脂、降低血压、治疗脑血管疾病。

2003年，福建中医学院药学系吴符火、郭素华、贾铷等人开展的“永春佛手茶对大鼠实验性结肠炎的疗效观察”试验研究显示，佛手茶对乙酸性结肠炎有一定的治疗作用，为当地民间治疗胃肠炎提供了实验依据。据专家分析检测，永春佛手茶含单宁21%，茶素2.4%，黄酮类1.2%，这几类物质含量为所有乌龙茶中含量最高的，其中单宁和黄酮类成分，可能是佛手茶治疗胃肠炎的物质基础。

佛手茶还具有提神益思、清心明目、利尿解毒、健美延年、降血糖、颐养身心等保健功效。永春中医院主任医师周来兴长年临床经验证实，永春佛手茶对支气管哮喘及胆绞痛、胃炎、结肠炎等胃肠道疾病有明显辅助疗效。

2016年，国家植物功能成分利用工程技术研究中心、国家中医药管理局亚健康干预实验室、清华大学中药现代化研究中心、教育部茶学重点实验室联合对永春佛手茶进行深入研究，取得了如下研究成果：

（1）永春佛手茶具有显著的抗氧化和抗衰老作用；

（2）永春佛手乌龙茶具有显著的降脂减肥作用；

（3）永春佛手乌龙茶具有显著的降血糖作用；

（4）永春佛手老茶具有显著的调理肠胃作用。

2020年，中国农业科学院茶叶研究所对永春佛手茶的研究结果表明：

（1）永春佛手品种无论制成乌龙茶还是制成绿茶、红茶，相对于铁观音和水仙品种制成的相应茶类，均具有独特的化学成分特征，其中高含量的黄酮糖苷类成分是永春佛手茶化学成分方面最明显的特征。永春佛手茶还具有较高的氨基酸总量和茶氨酸含量。

（2）永春佛手乌龙茶的体外抗氧化活性高于铁观音和水仙品

种乌龙茶。

（3）清香型、浓香型、陈香型永春佛手茶对结肠炎均具有辅助治疗功能，其中浓香型永春佛手茶对于结肠炎辅助治疗功能最为明显。

随着对永春佛手茶保健作用的研究开展，其保健功效为越来越多的消费者所认同、接受，其市场价值也得到了进一步提高。

6.《永春佛手茶综合标准》的研究推广

在长期生产实践与技术改进过程中，形成了生态安全、优质高效的永春佛手茶标准化生产技术。《永春佛手茶综合标准》（DB35/707～714—2006）于2006年由福建省质量技术监督局发布实施。2006年12月永春佛手茶获评国家地理标志保护产品。国家标准《地理标志产品 永春佛手茶》（GB/T 21824—2008）于2008年由国家质量监督检验检疫总局、国家标准化管理委员会发布实施。

“永春佛手茶标准化生产示范区”建设项目先后被列为福建省、全国农业标准化示范项目。推广实施《永春佛手茶综合标准》，编印《永春佛手茶综合标准实用技术》《永春县无公害茶叶生产技术》，建立示范茶园，开展技术培训，使佛手茶标准化生产技术普及应用，取得显著成效。“《永春佛手茶综合标准》的研究与应用”项目获2008年度泉州市科技进步三等奖。2011年9月“永春佛手茶生产标准化示范区”被国家标准化管理委员会授予“国家农业标准化示范区”称号。2011年12月“永春佛手茶传统制作技艺”被批准列入福建省省级非物质文化遗产名录。

第十一篇

问茶：乌龙茶之茶缘

一、茶俗

安溪是个有着一千多年产茶历史的古老茶乡，有关茶的习俗在长期的生活积累中不断演变发展，加上世代相袭、口传心授，自然积淀而形成了当地独具特色的茶俗。茶，渗透在安溪茶乡人民的生产、生活，以及衣食住行、婚丧喜庆、迎来送往的礼俗和日常的交际之中。迎宾送客以茶相待，是安溪世代相承的传统礼俗。“安溪人真好客，入门就泡茶”，说的是只要你到安溪来做客，主人必定会拿出珍藏的上好茶叶，点起炉火，烹起茶来，请你品饮一番，正是“未讲天下事，先品观音茶”。茶叶，又是安溪人礼尚往来的首选礼品，亲戚来往探问，朋友之间互访，携带的见面礼也往往是特产名茶。这些与茶相关的习俗，慢慢地在闽南地区传开，一直延续至今。

（一）安溪婚姻茶俗

早在明清时期，随着安溪茶业的兴盛，茶就以一种具有特殊意义的特殊形式融入婚俗。

婚前对歌成婚，是古代安溪茶乡的特殊风俗之一。男女青年或于茶园，以安溪茶歌调对歌，表达爱意。

古代安溪婚俗中，婚前礼仪中有一道叫“办盘”的习俗：男女婚期既定，男家于婚期前若干日，备齐聘金、礼盘到女家。礼品除鸡酒、猪腿、线面、糖品外，茶乡往往还要外加本地产的上好茶叶。

婚宴之中，上几道菜后，新郎新娘要按席敬茶。宾客受茶后要念四句吉利话逗趣助兴，如“喝茶吃甜，祝愿新郎、新娘明年生后生”等，假如宾客有意开玩笑，不愿受茶时，新郎新娘不得生气或借故走开，要反复敬茗，直至宾客就饮。

新婚的第二天清晨，新娘子要向公婆长辈敬茶。新郎逐一启示称呼，新娘跟着称呼“阿爹”“阿娘”，敬献香茗。翁姑受茶后，须送饰物红包压盅，其余家人也如是请茶压盅。此风俗至今犹存。

婚后一个月，古代安溪民间有“对月”的习俗，新娘子返回娘家拜见父母。待返回夫家时，娘家要有一件“带青”的礼物让新娘子带回，以示吉利。茶乡往往精选肥壮的茶苗让女儿带回栽种。乌龙茶中的又一极品“黄旦”，便是当年出嫁女王淡“对月”时带回培植的特种名茶。

（二）安溪丧事茶俗

在安溪，丧葬礼仪中也有茶俗。在亲戚奔丧、堂亲送丧、朋友同事探丧时，主人都要向来客敬上清茶一杯。客人饮茶品甜企望得以讨吉利、辟邪气。清明时节，后辈上坟扫墓跪拜先祖，亦要敬奉清茶三杯。如清末著名诗人、茶商林鹤年在《福雅堂诗钞》中曾记述，“于弟侄还乡跪香致虔泣”时，“特嘱弟侄于扫墓忌辰朔望时，作茶供，一如生时”。

（三）安溪敬佛茶俗

每逢农历初一和十五，安溪农村不少群众有向佛祖、观音菩萨、地方神灵敬奉清茶的传统习俗。是日清晨，一家之主要赶个清早，在日头未上山、晨露犹存之际，往水井或山泉汲取清水，起火烹煮，泡上三杯浓香醇厚的铁观音等上好茶水，在神位前敬奉，求佛祖和神灵保佑家人出入平安，家业兴旺。虔诚者则日日如此，经年不辍。

（四）武夷山“喊山”与“开山”

“喊山”：原是武夷山御茶园内举行的一种仪式。武夷山御茶园通仙井畔建有一个五尺高台，称为“喊山台”。每年惊蛰日，御茶园官吏偕县丞等登临喊山台，祭祀茶神。祭毕，隶卒鸣金击鼓，鞭炮声响，红烛高烧，茶农拥集台下，同声高喊：“茶发芽、茶发芽。”

“开山”：正式开山采摘之日，按照武夷山习俗规定，茶厂工人黎明起床，大家不得言语，洗漱完毕，先由茶厂的工头带领，在厂中供奉的杨太白神位前（据传杨太白为武夷山茶之祖）焚香礼拜，然后进山开采。

（五）潮州茶俗

传说凤凰茶道开始是药用饮茶，然后才发展到茶宴饮茶，诸如清代顺治十七年（1660 年）饶平等处总兵官吴六奇在凤凰山太平寺开光庆典时设的茶宴，以茶油炒茶叶为菜，宴请八方来客。至乾隆、嘉庆年间，凤凰乡村间的茶宴更是兴盛。例如：从嘉庆二年（1797 年）遗留下来的许多请宴帖式中，发现“× 月 × 日，×××× 事，敬具杯茗奉迎文驾，祇聆德诲，伏冀贲临，曷胜欣跃。×× 顿首拜”和“× 月 × 日，×××× 事，治茗，敢屈玉趾共叙，清谈，希冀蚤临，勿却为爱。×× 启”等请帖，说明当年以茶会友，以茶宴议事、签约等已成风气。在婚姻事中的茶礼，也颇盛行。如“女帖”（指房礼，嫁女三日前购礼物赠男家，俗云探房之礼。送礼之时遣使家人或小舅同往）云：“谨具书仪成对，糖糕百斛，甜茶八包，家雁四翼，奉申敬意。劣舅 ×× 顿首拜。”上厅送席之后，男家当回领谢帖，帖云：“谨具禄员全盒，团包全盒，茶饼满百，鲜花满盘。奉申，敬。姻小弟 ×× 顿首拜。时飞龙嘉庆 × 年 × 月 × 日谷旦。”婚庆的第二天清早，新娘在新郎的陪同下，手捧茶盘，一一向亲人敬茶和请安问好，实行茶礼。一月后，新娘要上庙烧香，须请女客陪伴，请帖云："翌日儿妇谒庙，拜茶，烦玉指教是幸。"在祭祀祝文中也有"清茶数杯""香茗数杯""茗香飘荡，直上九霄"等语；甚至在扫墓、祭祀时，墓碑前、家神牌前总摆有三杯酒、三杯茶或六杯干茶的，在祭品清单上也可见"香茗贰两"或"茶叶半斤"等。由此可见，茶叶不但应用在日常生活中，而且在意识形态领域中也占据了一定的位置。

（六）凤凰茶谚语

在长期的生产劳动和日常生活中，凤凰茶农不断地总结出很多关于茶的谚语，为推动茶业生产和增加日常生活的乐趣起到了很大的辅助作用，例如：

（1）种茶一二天，摘茶数百年。

（2）春分发芽，清明摘茶。

（3）春茶唔（不）摘，夏茶唔（不会）生。

（4）头茶不采，二茶不发。

（5）采茶欲适时，曝茶着看天，浪茶五过（遍）手，炒茶孬（不可）烧乾（叶边），踏茶欲滚圆，焙茶着及时。

（6）好茶欲焖火薄焙。

（7）做茶窍，日生香，火生色。

（8）酒头茶尾最精华。

（9）茶头（赤叶）有如粗糠有粟。

（10）好茶不怕细品。

（11）茶与米，同一起。（故称茶叶为茶米）

（12）宁可一日无米，不可一日无茶。

（13）一早开门七件事：柴米油盐酱醋茶。

（14）粗茶淡饭不喝酒，一定活到九十九。

（15）食茶唔烫嘴，输过食山坑水（注1）。

（16）茶不醉人，人自醉。

（17）茶三酒四敕桃二（注2）。

（18）待客茶为先。

（19）待客无烟无茶，算什么好人家。

（20）茶好客常来。

（21）人情好，食水（茶）甜。

（22）茶薄人情厚。

（23）寒夜客来茶当酒。

（24）茶郎送茶丈，送到日头上（太阳东升）（注3）。

（25）早茶晚酒。

（26）午茶提精神，晚茶难入眠。

（27）好茶一杯，精神百倍。

（28）浓茶能提神，香烟伴失眠。

（29）常喝茶，少蛀牙。

（30）水滚（沸腾）目汁（眼泪）流（注4）。

（31）茶满欺侮人，酒满敬亲人（注5）。

（32）人走茶凉（注6）。

（33）假力（勤快）洗茶渣（注7）。

注1：食茶唔烫嘴，输过食山坑水——意思是说，要喝热气腾腾的茶汤。喝热汤可以享受到扑鼻的花香、蜜香、

茶香，也可以品尝到独特的凤凰茶的山韵蜜味。否则，不如喝清冽甘甜的凤凰山坑水。

注2：茶三酒四敕桃二——意思是说，饮茶三人，喝酒四人，旅游两人，为最佳人数。

注3：茶郎送茶丈，送到日头上——古时候，有一茶郎约茶丈晚上以茶聚会。是晚两人茶话到深夜后，茶郎送茶丈回家，路上仍千言万语，互相送来送去，送到太阳东升还没有把茶丈送到家。后来人们把情深谊重、难分难舍的人或事冠到这句话上。

注4：水滚目汁流——昔年，有一个傻女婿要前往岳父家拜寿，妻子吩咐他要有礼貌，要会应酬。傻女婿到了岳父家之后，妻舅泡茶接待，他毫不客气地抓杯连饮。妻舅见状，连忙泡了又泡，想让他喝个够。女婿牢记住妻子的"要会应酬"的话，继续喝下去，但又觉得肚子胀得难受。见妻舅又添一泡茶叶，水壶的水又沸腾了，他抱着肚子，双眼掉下泪来，喊："惨呀，水滚目汁流呀！"后来，人们用"水滚目汁流"的话语来讽刺口馋而不礼貌的人，同时褒扬热情款待客人的主人。

注5：茶满欺侮人——茶汤满杯时热度高，加上杯壁薄传热快，因此很烫手，若此时主人招呼饮茶而捧杯，手就会被烫得很难受；如果这时放下茶杯，又觉得是对主人不礼貌。另一方面，杯满时必须要小心翼翼地把茶杯端平，不然，会因把茶汤滴溅到自身洁净的衣服上而尴尬。按惯例，斟茶是斟到茶杯的八分高，不能斟满。所以说，斟茶人故意将茶斟满了，是一种欺人的行为。

注6：人走茶凉——意思是说，人与人之间的关系疏远了，感情就淡薄了。

注7：假力洗茶渣——昔年，在凤凰山区的一个闲间，泡茶的"孟臣"朱砂罐，由于年长日久，罐壁附着许多赤红色的"茶沿"，一位后生将罐洗得干干净净，不料长辈看见后，不但不赞扬他的清洁和勤快，反而恼怒地骂他"假力洗茶渣，力不得法，输过惰"。据说由于这些茶渣的存在，只要投几片茶叶下去就能泡出很香很浓的茶汤来，甚至不下茶叶也可泡出具色、香、味的茶汤。后来，人们把热心而办错事、吃力不讨好的行为称为"假力洗茶渣"。

（七）台湾禅茶

台湾的宗教信仰是十分普遍的，也是多元的，佛教、道教、伊斯兰教以及基督教、天主教等，都有广泛的信徒。台湾人也爱喝茶，一度盛行茶禅一味的饮茶形式，现在这种形式的茶会也在大大影响其他茶会。于1990年6月2日在台湾妙慧佛堂举行的首次佛堂茶会，后来慢慢演变成无我茶会。台湾不仅有着世界最大、最高的佛教寺庙——中台禅寺，也有寺院建筑规模宏伟的佛光山，这些寺庙往往设有禅茶室。以佛光山为例，寺庙不收取门

佛光山禅茶

票费，且提供茶点食用、茶禅体验（参加人数如果成团 15～45 人，需要提前预约），这些是不收费的，但设有功德箱，游客只需随缘布施就行。此外，佛光山通往佛陀纪念馆的路途中，有一处品饮休憩区，这是在星云法师倡议下修建的，游客依身体需求，可以在这里免费喝茶，感受台湾奉茶文化。

二、茶事活动

（一）武夷山斗茶赛

武夷山斗茶赛由茶叶局、星村镇、天心村、黄村，及茶叶流通协会、海峡两岸茶博会等共同举办，每年都在夏、秋两季举行，由主办单位邀请有关人士参加评审，获奖产品推陈出新，不计其数，花样繁多，如大红袍、肉桂、水仙、红茶、品种茶等，奖项有状元、金奖、银奖、优质奖。

茶王赛源于古代的斗茶，建人谓之茗战，又称点茶或点试，是古代审评茶叶品质优次的一种茶事活动。斗茶最早兴起于唐朝，盛行于宋代贡茶之乡的建州北苑龙焙和武夷山茶区，故当今的茶王赛与宋代斗茶有着渊源关系。

宋代茶人、著名文学家范仲淹《和章岷从事斗茶歌》生动地描述了当时武夷茶区斗茶活动的热闹场面，“北苑将期献天子，林下雄豪先斗美”“黄金碾畔绿尘飞，碧玉瓯中翠涛起。斗茶味兮轻醍醐，斗茶香兮薄兰芷”“胜若登仙不可攀，输同降将无穷耻”。宋代斗茶是为北苑贡茶评选“上品龙茶”的原料，能夺取斗品的桂冠是无上光荣的。

元代“武夷御茶园”创立，武夷石乳茶通过“斗茶”成为龙凤茶贡品。武夷比屋皆饮，处处品茶。画家赵孟頫有幅《斗茶图》，参与斗茶者有的足穿草鞋身背雨伞，有的袒胸露臂，这些人都是平民百姓，绝非官宦学士，说明了斗茶活动当时已很普及。

清末民初，斗茶逐渐发展为各类名茶的茶王赛。其形式多样，规模大小不一。有民间赛也有官方赛，有产茶区赛，还有县、省、全国比赛以至国际赛。闽北水仙在1914年巴拿马万国商品博览赛会上获得金质奖。1935年福建省特产赛会上，武夷岩茶获一等奖。

（二）安溪茶王赛

安溪最精彩的茶俗当推茶王赛。每逢新茶登场时节，茶农们要携带各自制作的上好茶叶聚在一起，由茶师主持，茶农人人参与评议，从“形、色、香、韵”诸方面细细品评，孰好孰劣当场判定，有的地方还敲锣打鼓地把“茶王”送回家。

茶王赛的形式丰富多彩，规模大小不一，有民间自发组织的，也有官方发动组织的；有村落赛，也有区域赛，更有县、省乃至全国组织的赛茶活动，常以同一茶类、同一茶种进行比赛。在安溪，每年春、秋两季茶叶收获时节经常举办茶王赛。夺得茶王桂冠的茶农，头戴礼帽，身穿礼服，佩戴红绸带，手捧证书，满面春风地坐上富有民间特色的茶王轿，由数百上千人组成的彩旗队、管乐队、锣鼓队、舞狮队簇拥着，吹吹打打，踩街绕村，一派欢腾气氛。

安溪县政府为提高茶农的茶叶生产积极性，鼓励科学制茶、制好茶，由县乡各级政府组织开展茶王赛，制定严格的比赛规则、审评定分办法，并把茶王赛搬上茶事活动舞台，使其成为业界、新闻媒体关注的焦点。如今茶王赛已经成为一项每年都举办的常规赛事，遍及

安溪铁观音大师赛效应凸显

2020 年 4 月 1 日，由中国茶叶流通协会、安溪县人民政府、福建农林大学安溪茶学院主办的第四届安溪铁观音大师赛，从春茶开采伊始，直到 10 月中下旬结束，持续时间 7 个月，高潮迭起，精彩纷呈。这是百万茶乡人民全力打造的赛事，斥资百万重奖，评选千里挑一的安溪铁观音大师。创新、严谨、科学的赛制设计，不仅颠覆传统斗茶、评茶模式，更成为选拔、培养制茶能手的经典赛事。

新华社、人民日报、中央电视台等央级、省级、市级权威媒体多次深入安溪报道，对大师赛过程密切关注、海量传播。活动期间，多个平台不同形式的直播，专业媒体开设说茶大讲堂传播安溪铁观音的品牌知识，以及全新的网络挑战赛，全方位展示安溪生态、精彩赛事、制茶工艺，赢得了超千万人的关注热度。

以大师名匠为核心的安溪铁观音制茶能手构成了一套安溪独有的高素质、高水平制茶人才体系。其中，大师被直接认定为泉州市第四层次人才，名匠被直接认定为泉州市第五层次人才，通过这种泉州市人才港湾计划的高层次人才纳入方式，把土专家和田秀才，变成官方认可的专家。

连续举办的四届安溪铁观音大师赛已经为安溪县选拔出 8 位大师、27 位名匠、数百名优秀制茶能手。四年来，在大师赛的引导下，各乡镇制茶技艺回归传统，大师名匠们带着使命与责任，在安溪县各大产茶乡镇进行茶乡巡礼，他们带徒传艺、联系基地、服务茶企。安溪茶产业从业人员整体素质及制茶技艺水平不断提高，以大师名匠为核心的安溪茶产业技术人才及服务队伍进一步夯实。

通过安溪铁观音大师赛洗礼不断涌现的制茶能手，是安溪铁观音产业生生不息、走向复兴的生力军，大师赛不仅提振了安溪茶叶从业人员信心，提高整体制茶水平，也不断推动产业转型升级。

一叶兴百业旺。安溪铁观音不仅成为中国茶叶的标杆，更是乡村振兴的动力源泉。“安溪铁观音，健康软黄金”的兴茶理念在不断深入人心的同时，也在带领着安溪人民脱贫致富奔小康，给世界带来健康和新时尚。

县、乡甚至村，闽南各产茶县、一些社会机构也常年组织茶王赛活动。

今天的安溪茶王赛，既保留了传统的一面，又融入了时代精神，把赛茶王融进茶歌、茶舞、茶艺表演等活动中，成为茶文化中一道独特的景观。

（三）台湾无我茶会

无我茶会于1989年由台湾陆羽茶艺中心蔡荣章先生创办，于1990年12月18日举行了首届无我茶会。1991年10月14—20日由中、日、韩三国七个单位联合在我国福建和香港举办了幔亭无我茶会；1992年11月12—17日举办了第四届无我茶会，出席的代表人数共300余人；2015年由浙江大学承办的第十五届无我茶会，参加者超千人。无我茶会已发展成在中、日、韩、美等国举办的茶文化活动。无我茶会是一种大众饮茶

无我茶会精神简介

无我茶会是一种“大家参与”的茶会，其举办成败与否，取决于是否体现了无我茶会的精神：

第一，无尊卑之分。茶会不设贵宾席，参加茶会者的座位由抽签决定，在中心地还是在边缘地，在干燥平坦处还是在潮湿低洼处，不能挑选；自己将奉茶给谁喝，自己可喝到谁奉的茶，事先并不知道。因此，不论职业职务、性别年龄、肤色国籍，人人都有平等的机遇。第二，无“求报偿”之心。参加茶会的每个人泡的茶都是奉给左边的茶侣，现时自己所品之茶却来自右边茶侣，人人都为他人服务，而不求对方回报。第三，无好恶之分。每人品尝四杯不同的茶，因为事先不约定带来什么样的茶，难免会喝到一些平日不常喝甚至自己不喜欢的茶，但每位与会者都要以客观心态来欣赏每一杯茶，从中感受别人的长处，以更为开放的胸怀来接纳茶的多种类型。第四，时时保持精进之心。每泡一道茶，自己都品一杯，每杯泡得如何，与他人泡的相比有何差别，要这样时时检省，以使自己的茶艺不断精深。第五，遵守公告约定。茶会进行时并无司仪或指挥，大家都按事先公告的项目进行，养成自觉遵守约定的美德。第六，培养集体的默契。茶会进行时，大家均不说话，用心泡茶、奉茶、品茶，时时自觉调整，约束自己，配合他人，使整个茶会快慢节拍一致，并专心欣赏音乐或聆听演讲，人人心灵相通，即使几百人的茶会亦能保持会场宁静、安详的气氛。

的茶会形式，参加者都自带茶叶、茶具，人人泡茶，人人品茶，一味同心，以茶对传言，广为联谊。现在通常每两年在各地轮流召开一次大型的无我茶会，通常于母亲节、中秋节举办，以提倡传统伦理精神、增进人伦关系。

（四）台湾茶香书会

在台湾，有些活动会融入浓浓的茶元素，以期更好地传播和推广当地茶文化。例如，2014 年 12 月 7 日举办的“台湾阅读节”主题为“阅读茶香活动”，该次活动配合展示各种台湾特色茶（如文山包种茶、高山茶、冻顶乌龙茶、东方美人茶、铁观音以及绿茶和红茶等）的制作流程及实体特色茶茶样，还展示了青心乌龙、台茶 12 号、台茶 18 号等品种茶树盆栽，并现场冲泡台湾特色茶给民众品饮；活动还配设有典雅的茶席展演茶艺，供民众参观体验。

（五）大型综合性茶业博览会

伴随着茶产业的快速发展，各种茶事活动纷纷登场，主要活动基本由地方政府和中国茶叶流通协会主办。在闽南地区，主要有由福建省人民政府和中国茶叶流通协会主办的每年一届的中国茶都（安溪）国际茶业博览会。博览会已经连续举办 6 届。此外还有中华茶产业国际合作高峰会活动，如安溪县人民政

①台湾茶研发推广中心
②茶文化旅游景点

“世界健康日、全民喝茶日”活动简介

为找回早期台湾地区社会“奉茶孝亲”的文化和“路边奉茶”的人情味，并彰显奉茶精神中对人的关怀，举办2015年“世界健康日、全民喝茶日”活动，活动内容多样，主要包括以下活动：4月2日于孙运璇科技人文纪念馆举办“茶·科技与人文”记者会，以茶艺、茶歌、茶席与脑波科技为主题，让人体验茶科技与人文的对话。现场进行了脑波体验活动，分析各人脑波形态后，与“文山包种”、“台湾乌龙”、“东方美人”和“日月潭红茶”配对。4月7日当天在台北、桃园、中坜、新竹、苗栗、彰化、嘉义、台南、高雄、厦门等十个火车站、高速公路服务区、学校及百货商城等地点，摆设茶席免费向旅客奉茶，让台湾名茶在各地同步飘香。另自当日起至6月底止，全台湾地区由南到北数十家农会、茶行及茶企业响应本活动，举办各种不同形式的主题茶会品茗活动，并配合茶品折价促销活动（详细活动内容与配合商家可上台湾地区茶协会网站查询）。最特别的还数4月7日在台北火车站举办的文青奉茶之快闪活动，集结了台北东方工商与元培医事科技大学的青年骨干共同参与此项活动。

府主办的“安溪铁观音神州行”“安溪铁观音 美丽中国行”等系列活动，在武夷山有每年11月16—18日举办的海峡两岸茶业博览会。

（六）台湾木栅观光茶园著名的旅游点

现下台湾的观光茶园很多，但第一个观光茶园是1980年设立于木栅的，茶园内有示范农户约100家。

享负盛名的张乃妙茶师对台湾乌龙茶业贡献巨大，不仅在于他的事迹，还在于他是一个乐于分享的爱茶人，长期从事茶叶的传播工作，进行了多年茶叶教学工作。1935年，台湾茶叶宣传协会授予他“青铜花瓶”奖，以表彰他对台湾茶业的奉献精神。后人为了纪念他的德绩，在其辞世后，在台北木栅建立“张乃妙茶师纪念馆”和“纪念墓碑”，如今已成为观光茶园内著名的旅游点。

（七）美不胜收的阿里山观光茶园

阿里山的姑娘美如水啊，阿里山的少年壮如山啊！一首耳熟能详的歌曲，

①专业农户茶园标识牌
②六堆客家文化园区——茶特展
③日月老茶厂开放参观的一处景点
④专业农户茶园

唱出台湾阿里山的好山、好水、好人家，吸引众多游客前往探究。近年，台湾结合空间、文化与产业开发的以“茶”为主题的旅游行程，引来无数游客。位于中低海拔、盛产“珠露茶”的石棹，又称石桌、石卓，是阿里山区的公路中心点，内有竹林相伴、茶园相依，景致优美、生态类型丰富，是著名的观光茶园，这里的“顶石棹步道”是阿里山风景区里的一大亮点。观光茶园通过采茶、体验制茶、DIY 茶点与品尝创意茶餐等方式，让茶产业更具文化深度并能获得多元的发展。

（八）茶香悠悠的大稻埕

早期的大稻埕是台湾新文化的启蒙地，是台湾历史上的茶叶重镇和茶叶集散重地。19 世纪后半叶，大稻埕开始种制、销售乌龙茶，得淡水河通运之利，这里一度茶香四溢、洋行林立。如今，踏入大稻埕，一些往日茶依旧有迹可循。如：甘谷街 110 年历史的“茶商公会大楼”，存有焙笼、竹篓、焙笼间；重庆北路的“有记茶行”，贵德街的“锦记茶行”，民生西路的“新芳春茶行”，西宁北路的“南兴茶行”（现为全祥茶厂旧址）以及甘州街的“大稻埕长老教会礼拜堂”，等等。时至今日，茶文化仍在大稻埕扮演着重要的角色。漫步在大稻埕的游客，可以在现实世界和无尽的回忆遐想中，细细品尝一个百年老街区浓浓的茶文化味。

大稻埕故事工坊

第十二篇

流芳：乌龙茶之传播

一、乌龙茶对外贸易

（一）闽南乌龙茶对外贸易

闽南地区早在晋朝已有种茶的历史记载，记载最早见诸南安丰州古镇莲花峰的摩崖石刻“莲花茶襟太元丙子”，比陆羽在唐至德、乾元年间（756—760年）写成的《茶经》还要早400年。闽南最著名的茶区安溪，种茶、制茶最迟始于唐代。海上茶叶之路始于宋元时期，明清时期茶叶大量出口，清代以来茶业开始步入兴盛，安溪乌龙茶大量外销。

研究表明，最迟在北宋，泉州地区的茶叶便已开始外销，如皇祐时（1049—1053年）晋江县南部的大宅诸村广植茶圃，产品曾运销两粤及交趾（广东、越南一带）。史载，两宋时期，泉州的社会经济发展迅速，各种手工业蓬勃发展，为海外贸易提供了丰富的外销商品，海外交通更加繁荣。泉州港是国内外进出口商品最大的集散中心，是中国对外贸易最重要的港口之一。《宋会要辑稿》记载：“国家置市舶司于泉、广，招徕岛夷，阜通货贿，彼之所阙者，丝、瓷、茗、醴之属，皆所愿得。”至南宋，泉州地区生产的茶叶与瓷器、丝绸、酒等，同为海外各国渴望获得的重要出口商品。

元代茶叶生产和销售均承袭南宋格局并有所发展，此时泉州的对外贸易步入巅峰时期，茶叶生产和出口增加。

明代中后期，安溪大部分区域已遍植茶树，成为乌龙茶工艺的发源地之一，且最先发明了茶树无性繁殖法，形成茶产业并进入商品化市场。清代以来，安溪茶农不断总结植茶、制茶经验，茶业开始步入兴盛，安溪乌龙茶大量外销。

清康熙初年，茶叶外销量迅速增加，史料记载：“以此（茶）与番夷互市，由是商贾云集，穷崖僻径，人迹络绎，哄然成市矣。”英商胡夏米在鸦片战争前曾对福建贸易货物进行调查，并采购了两种安溪茶。据记录，1838—1839年，英国商人在广州采购的安溪茶为10.6万磅，约合4.5万公斤。五口通商后，葡萄牙商人开始插手欧洲茶叶贸易，从而推动了澳门茶叶市场的发展，安溪茶商在这一时期直接从安溪贩运茶叶到澳门出售。

据厦门口岸海关资料记载：咸丰八年至同治三年间（1858—1864年），英国每年从厦门口岸输入的乌龙茶达1800～3000吨，由于当时闽北、闽东的茶叶大多从福州出口，故一般认为，厦门输出的茶叶主要产自安溪。仅光绪三年（1877年）一年，英国从厦门口岸输入的乌龙茶就高达4500吨，其中安溪乌龙茶占40%～60%。

清末民初，中国社会动荡，但即便如此，安溪人仍在东南亚开办茶行，使安溪茶叶在国外市场的影响不衰。据估计，清末民初，安溪人在本地和外地设立的茶号已达 120 多家，部分以外销为主。

从 17 世纪始，我国茶叶大量外销，直到 19 世纪末，茶叶一直独占国际市场，且这些外销茶多以泉州茶为主。历史上，闽南乌龙茶对外贸易从未间断。特别是日本以及东南亚地区，一直是乌龙茶的主销区。由于东南亚诸国华侨众多，他们不仅喜欢喝家乡的茶，更有一部分人热衷于推广和销售闽南乌龙茶，因此，闽南乌龙茶又有着侨销茶之称。

新中国成立后，茶叶是重要的出口物资，在外贸中占有重要地位，茶叶出口创汇依然保持较高比例。

1955 年 7 月之后，全国对外贸易均由对外贸易部统一领导，统一管理，各项进出口业务均由各外贸专业公司统一经营，实现了国有外贸专业公司对外贸易的垄断经营。同年专门成立的农产品采购部取代中茶总公司负责茶叶采购、加工、分配调拨、价格掌握、仓储、运输、出口货源供应以及国内市场销售等职能。中华全国供销总社成立后，农产品采购部撤销，其职能移交给供销总社，外贸部仍然负责茶叶出口业务。1956 年 1 月撤销中国茶叶公司，茶叶出口业务由新成立的中国茶叶出口公司负责经营。1958—1978 年，对外贸易体制相对稳定，直至 1984 年，机构名称、职能有所变化，但体制保持不变。一些产茶省、区地方没有进出口权，只是按照国家出口计划组织货源、安排加工、调拨供应指定口岸公司，统一拼配包装后出口。

1984 年 6 月以后，茶叶管理和流通体制逐步放开，部分企业取得自营进出口权，再往后，则全面放开。

改革开放后，随着茶叶市场的放开，以安溪铁观音为代表的闽南乌龙茶出口量倍增，市场范围不断扩大。近年来安溪铁观音茶企业组团联合进军欧美市场，在法国设立欧洲营销中心，铁观音集团、八马、三和及华祥苑等茶企或在海外设立专营店，或与外国政府机构合作开发指定产品，举办巡回品鉴活动，除了散装茶出口，小包装茶产品也大力进军国外市场，并取得良好成绩。

（二）武夷岩茶香飘海外

明万历三十五年（1607 年），武夷茶被荷兰东印度公司从澳门购买后，经爪哇于 1610 年运到荷兰，并转至英国，从此开启了武夷茶出口欧美的先河，武夷茶从此步入世界市场。其后，英国人也到福建厦门采购武夷茶，当时伦敦市场上只有中国武夷茶，而无其他茶类。当时欧洲人皆以武夷茶为中国茶之总称。

清代是武夷岩茶走向辉煌的时代，武夷岩茶受到世人的好评，声名远扬，善于品茗的乾隆皇帝在其《冬夜烹茶诗》中提到武夷岩茶的“岩骨”，诗曰：“就中武夷品最佳，气味清和兼骨鲠。”此后，从政客幕僚到文人雅士，品饮岩茶已然成为一种时尚，很快传至广州、潮汕、香港、台湾，随后乌龙茶则销往东南亚各国，饮者多为华侨，武夷岩茶故有“侨销茶”的雅名。早期武夷茶的外销水陆兼运，19 世纪 40 年代五口通商后，厦门、福州成为外销港口，海上茶路代替了北上茶叶之路，成为武夷茶销往各国的主要途径。据《武夷山市志》记载：光绪六年（1880 年），武夷山出口清茶 20 万公斤，价值 35 万元。

在海上“茶之路”中，瑞典东印度公司从 18 世纪 30 年代起频繁远航中国进口大量的武夷茶。1984 年打捞起的“哥德堡号”货船上，船上的实物包括 370 吨茶叶，其中大部分是武夷茶。

20 世纪 80 年代，武夷岩茶悄然进入日本市场，深为扶桑人士喜爱，被誉为保健、健美之品。1985 年，日本知名女作家佐能典代女士至武夷山探访武夷茶事，并在东京和京都兴办“岩茶坊”，推介武夷岩茶。20 世纪 90 年代，日本

富士电视台到武夷山拍摄电视片《武夷岩茶》，系统地向日本人民介绍武夷岩茶，在日本国内掀起了武夷岩茶热，尤其是用武夷岩茶制成的罐装饮料，在日本市场热销不衰。

二、乌龙茶内销

历史上，乌龙茶内销范围主要在长江以南。随着我国茶叶管理和流通体制的改革、放开（与外贸体制一样，由计划经济走向市场经济），乌龙茶企业开始全面进军国内市场，各地政府大力推动茶产业的发展，建市场，打品牌，做文化，并到全国各地举办各种宣传推广活动，掀起一场场安溪铁观音、武夷山大红袍、广东凤凰单丛、台湾乌龙茶热潮，让全国各地的消费者认识了乌龙茶，提高了乌龙茶的知名度，促进了茶叶的消费。

以广东潮州茶叶市场拓展为例，在经历实体商铺经销扩张后，转入线下线上营销并举的阶段，茶品走出当地产茶区，走入广阔的国内市场。

20 世纪 90 年代末以后，潮州茶叶市场出现前所未有的良好发展态势。

1999 年 7 月，潮州市茶叶销售调查结果如下：

经市、县（区）二级工商管理部门登记注册的茶叶经营单位 1000 余家；销售渠道主要是凤凰、铺埔、黄冈、上浮山、坪溪等不同形式的茶叶市场；龙头企业在茶叶营销中发挥重要作用；茶叶流通走向基本为内销，潮汕地区、梅州市占六七成；零售网点发达，遍布城乡，市区的大街小巷、住宅园区，茶叶商铺举目可见，构成一道独特的风景线，充分展示“中国乌龙茶之乡”的魅力；外地设点经营成为拓展市场的重要途径，全市在省内各地以及外省设立茶叶经营点近 300 家，仅凤凰茶农在广州市开设的茶叶经营点就有 180 家。

进入 21 世纪之后，茶产量仍然不断增加，随着电脑、网络的普及，很多茶农、茶商开始通过网络渠道对潮州单丛茶进行初步的推广。

2004 年，潮州单丛茶开始通过网络进行对外宣传，让更多地区、国家了解潮州凤凰单丛茶。如“叶丛嘉”品牌单丛开始在网上的最大茶叶论坛三醉斋进行茶叶推广。

2010 年起，单丛茶的市场认知度有较大提升。如 2010 年，潮州市天羽茶业有限公司的“叶丛嘉”凤凰单丛茶成功入选广州亚运会八大名茶，在国内形成新的影响。单丛茶开始通过各地茶馆的品饮宣传，声名远播，吸引更多四面八方的茶商茶客前来收购单丛茶，从而刺激了潮州单丛茶叶的市场，也带动了当地经济的发展。

2015 年，潮州市天羽茶业有限公司送评的“叶丛嘉牌”凤凰单丛茶获得凤凰单丛茶历史上的最高奖——百年世博中国名茶“金骆驼奖”。中国茶重返世博舞台。获得“百年世博 金骆驼奖”的潮州凤凰单丛茶再次出征，代表广东唯一入选茶品

2015 年米兰世博会，中国茶馆展台，外国友人品尝单丛茶

牌荣登米兰世博会舞台，向全世界展示凤凰单丛茶的文化魅力和品牌风采。

21 世纪以来，潮州工夫茶更是潮汕地区每家必备的饮品，越来越多的人渴望学习潮州工夫茶冲泡技艺，了解潮州茶文化。所以，潮州工夫茶从生活领域走进文化领域，更加深入地影响着人们的生活。

如今，潮州茶叶市场在社会形势和政策的影响下，呈现越来越具有市场预期性的规律。随着网络的快速发展，潮州单丛茶的市场越来越兴盛，主要以内销为主，不再像之前那样依赖外销。不过，潮州茶叶老字号却在历史的洪流中逐渐消失，如今在潮州市区竟然找不到几家土生土长的茶叶老字号了。但是，潮州单丛茶的发展趋势无可限量，它必定在不久的将来为潮州经济的发展开辟一条新的道路。

三、台湾乌龙茶营销

（一）在台乌龙茶的转口贸易期

台湾地区茶叶的发展经历了漫长的历史时期，在荷兰殖民者占据台湾期间，台湾自种、自制的茶叶量很少，荷兰人一度将台湾作为转口贸易的据点，台湾本地产制的砂糖、来自大陆的茶叶和人参、日本的樟脑等，被一些荷兰人和部分中国商人通过台湾地区运往印度、中东，或经巴达维亚运往世界各地。发展到清朝初期，台湾地区的茶叶国际贸易依旧是一种转口贸易方式。

饮茶成为都市人重要的休闲方式

（二）台湾乌龙茶输出的快速发展期

台湾本地产制的乌龙茶在清朝时期是主要的外销物产。自嘉庆年间福建商人柯朝氏将茶种引入台湾后，台湾北部开始种植茶叶，到道光年间已出现一批以栽制茶树为生的茶农，这个时期生产的茶叶也运往福州贩卖。咸丰年间举人林凤池除了带回福建茶苗种植于鹿谷乡冻顶山，也将闽南的制茶工艺带到台湾。光绪年间张乃妙等人在木栅樟湖地区种植由安溪引进的铁观音茶种，19 世纪 70 年代，恒春知县周有基鼓励满洲乡港口农民种茶。

第二次鸦片战争后，清政府被迫开通淡水港为国际通商口岸，开港后马上吸引许多洋行前来大稻埕设茶厂。多德就是第一批到淡水从事茶叶贸易的英国商人之一，他创立了英国宝顺洋行，从 1866 年开始在台湾种植、收购茶叶，并设置茶叶精制工厂。1869 年宝顺洋行载着 21 万斤（105 000 千克）台湾乌龙茶直销欧美市场。

至 1872 年，大稻埕便有宝顺、德记、怡记、水陆和爱利士五大洋行从事台茶贸易。五大洋行在台北争购乌龙茶，使台茶售价大涨，利润大增，刺激各地茶农扩大种植。台湾史学家连雅堂在其著作《台湾通史·农业志》中写道：“夫乌龙茶为台北独得风味，售之美国，销路日广，自是以来，茶业大兴，岁可值银二百数十万圆，厦汕商人之来者，设茶行二三十家，茶工亦多安溪人，春至冬返，贫家妇女拣茶为生，日得二三百钱，台北市况为之一振。”可见，当时乌龙茶市场盛况空前。

茶叶为台湾主要的出口产物，淡水海关公文书中正式记录：1865 年，台湾出口茶叶 82 022 千克。但是 1872 年大稻埕乌龙茶滞销，大部分乌龙茶只能运往福州改制包种茶。1881 年，福建同安人士吴福老到台创立“源隆号”，精制包种茶并外销。不久，泉州安溪的王安定、张占魁两人合办“建成号”茶庄，从事经营包种茶之贩卖。包种茶在台湾也就渐渐与台式乌龙茶并驾齐驱了。刘铭传任台湾巡抚之后着意发展茶业，建议对茶叶贸易征税，再将所得税收用于“扶垦经费”。1889 年，为维护茶市，为团结业界，刘铭传令茶业界成立“茶郊永和兴”，改良制茶技术，扩张茶叶市场。1893 年台式乌龙茶外销量高达 9800 余吨，1896 年台茶输出金额占总输出额的一半之多。

（三）台湾乌龙茶输出的衰退期

日本占据台湾的 50 年里，茶叶出口值年平均占全台出口值的 30%，但日本在台湾重点发展的是红茶产业，1918 年台式乌龙茶年销 8800 吨，为历年最高，1944 年包种茶输出 7800 吨，为 20 世纪中期前的最高量。

抗日战争胜利初期，主要由台湾制茶工业公会引领台湾茶产业的发展，茶品依然以红茶、绿茶为主角对外销售，而后随着台湾工业的发展、人工成本增加和茶本身的竞争优势减弱等问题的出现，台湾茶叶的外销势头逐渐衰退。

（四）台湾乌龙茶内销的兴起时期

20 世纪 70 年代末，台湾岛内人均茶叶消费量开始增加，这得益于诸多力量的作用。这一时期台湾经济开始富裕，兴起的高海拔茶区茶叶质量好，加上茶艺文化的推进、茶艺馆的兴起、优良茶比赛的带动，茶叶内销提振，台茶价格有所回升，饮茶人口增加，且人均茶叶消费量显著提升，从 1980 年的 344 克到 1998 年的 1300 克，再到 2013 年的 1670 克。

20 世纪 90 年代后，台湾茶叶生产的成本增加，许多茶农前往大陆以及越南、泰国等地开设茶园，种植、加工绿茶和红茶，但台湾乌龙茶，尤其是台湾高山乌龙茶，由于其对山场有特殊要求，所以在台湾茶叶进口超越出口的大背景下，台湾乌龙茶始终是台湾茶叶市场的宠儿。

附录一　安溪乌龙茶主要种植品种

安溪乌龙茶主要种植品种表

序号	名称	原产地	主要特征
1	铁观音	西坪镇	无性系、灌木型、中叶类、迟芽种
2	黄旦	虎邱镇	无性系、小乔木型、中叶类、早芽种
3	本山	西坪镇	无性系、灌木型、中叶类、中芽种
4	毛蟹	大坪乡	无性系、灌木型、中叶类、中芽种
5	梅占	芦田镇	无性系、小乔木型、大叶类、中芽种
6	大叶乌龙	长坑乡	无性系、灌木型、中叶类、中芽种
7	佛手	虎邱镇	无性系、灌木型、大叶类、中芽种

安溪乌龙茶其他品种

分类	名称
早芽种	大红、白茶、科山种、早乌龙、早奇兰
中芽种	菜葱、崎种、白样、红样、红英、毛猴、犹猴种、白毛猴、梅占仔、厚叶种、香仔种、硬骨种、皱面吉、竖乌龙、伸藤乌、白桃仁、乌桃仁、白奇兰、黄奇兰、赤奇兰、青心奇兰、金面奇兰、竹叶奇兰、红心乌龙、赤水白牡丹、福岭白牡丹、大坪薄叶
迟芽种	肉桂、墨香、香仁茶、慢奇兰

附录二 武夷岩茶种植品种

武夷岩茶种植品种

序号	名称	原产地	主要特征
1	大红袍	武夷山	无性系，灌木型，中叶类，晚生种
2	水仙	建阳	无性系，小乔木型，大叶类，晚生种
3	肉桂	武夷山	无性系，灌木型，中叶类，晚生种
4	黄观音	福建省茶科所选育	无性系，小乔木型，中叶类，早生种
5	黄旦	安溪虎邱	无性系，小乔木型，中叶类，早生种
6	丹桂	福建省茶科所选育	无性系，灌木型，中叶类，早生种
7	金观音	福建省茶科所选育	无性系，小乔木型，中叶类，早生种
8	白芽奇兰	平和县	无性系，灌木型，中叶类，晚生种
9	梅占	安溪芦田	无性系，小乔木型，大叶类，中生种
10	毛蟹	安溪大坪	无性系，灌木型，中叶类，中生种
11	佛手	安溪虎邱	无性系，灌木型，大叶类，中生种
12	黄奇	福建省茶科所选育	无性系，小乔木型，中叶类，早生种
13	九龙袍	福建省茶科所选育	无性系，灌木型，中叶类，晚生种
14	春兰	福建省茶科所选育	无性系，灌木型，中叶类，早生种
15	悦茗香	福建省茶科所选育	无性系，灌木型，中叶类，中生种
16	黄玫瑰	福建省茶科所选育	无性系，小乔木型，中叶类，早生种
17	金牡丹	福建省茶科所选育	无性系，灌木型，中叶类，早生种
18	金玫瑰	福建省茶科所选育	无性系，小乔木型，中叶类，早生种
19	紫牡丹	福建省茶科所选育	无性系，灌木型，中叶类，中生种
20	矮脚乌龙	建瓯东峰	无性系，灌木型，小叶类，中生种

续表

序号	名称	原产地	主要特征
21	金凤凰	武夷山茶科所选育	无性系，小乔木型，中叶类，中生种
22	铁罗汉	武夷山	无性系，灌木型，中叶类，中生种
23	白鸡冠	武夷山	无性系，灌木型，中叶类，晚生种
24	水金龟	武夷山	无性系，灌木型，中叶类，晚生种
25	半天妖	武夷山	无性系，灌木型，中叶类，晚生种
26	北斗	武夷山	无性系，灌木型，中叶类，中生种
27	金桂	武夷山	无性系，灌木型，中叶类，晚生种
28	金锁匙	武夷山	无性系，灌木型，中叶类，中生种
29	白瑞香	武夷山	无性系，灌木型，中叶类，中生种
30	雀舌	武夷山	无性系，灌木型，小叶类，特晚生种
31	瓜子金	武夷山	无性系，灌木型，小叶类，晚生种
32	武夷菜茶	武夷山	有性系，灌木型，混生种

附录三　凤凰单丛茶种植品种

凤凰单丛茶种植品种

序号	香型	名称	原产地	主要特征
1	黄枝香型	宋种 1 号	凤凰乌岽山	有性系，乔木型，大叶类，中芽种
2		大白叶 1 号	凤凰乌岽山	有性系，乔木型，大叶类，中芽种
3		大丛树 1 号	凤凰山	有性系，乔木型，大叶类，迟芽种
4		红蒂仔	凤凰乌岽山	有性系，乔木型，大叶类，中芽种
5		乌叶黄栀香 1 号	凤凰山	有性系，乔木型，大叶类，迟芽种
6		黄茶香 1 号	凤凰乌岽山	有性系，乔木型，中叶类，中芽种
7		红蒂 1 号	凤凰乌岽山	有性系，乔木型，中叶类，中芽种
8		黄栀香 1 号	凤凰山	有性系，乔木型，中叶类，中芽种
9		丝线茶	凤凰乌岽山	有性系，乔木型，小叶类，迟芽种
10		大骨贡 1 号	凤凰山	有性系，小乔木型，大叶类，中芽种
11		黄茶香 2 号	凤凰乌岽山	有性系，小乔木型，大叶类，中芽种
12		黄栀香 2 号	凤凰山	有性系，小乔木型，大叶类，中芽种
13		木仔（番石榴）叶 1 号	凤凰乌岽山	有性系，小乔木型，大叶类，中芽种
14		宋种 2 号	凤凰乌岽山	有性系，小乔木型，中叶类，迟芽种
15		老仙翁	凤凰乌岽山	有性系，小乔木型，中叶类，迟芽种
16		幼香黄栀香	凤凰大质山	有性系，小乔木型，中叶类，迟芽种
17		黄栀香 3 号	凤凰山	有性系，小乔木型，中叶类，中芽种
18		红蒂 2 号	凤凰山	有性系，小乔木型，中叶类，中芽种
19		黄茶香 3 号	凤凰乌岽山	有性系，小乔木型，中叶类，中芽种

续表

序号	香型	名称	原产地	主要特征
20	黄枝香型	大乌叶 1 号	凤凰山	有性系，小乔木型，中叶类，中芽种
21		大骨贡 2 号	凤凰乌岽山	有性系，小乔木型，中叶类，中芽种
22		白叶黄栀香 1 号	凤凰乌岽山	有性系，小乔木型，中叶类，迟芽种
23		木仔（番石榴）叶 2 号	凤凰乌岽山	有性系，小乔木型，中叶类，迟芽种
24		白叶黄栀香 2 号	凤凰山	有性系，灌木型，中叶类，迟芽种
25		黄栀香 4 号	凤凰乌岽山	有性系，灌木型，小叶类，中芽种
26		红蒂 3 号	凤凰山	无性系，小乔木型，大叶类，中芽种
27		向东种黄栀香	凤凰山	无性系，小乔木型，大叶类，中芽种
28		柿叶	凤凰乌岽山	无性系，小乔木型，大叶类，中芽种
29		油茶叶 2 号	凤凰山	无性系，小乔木型，大叶类，中芽种
30		海底捞针	凤凰乌岽山	无性系，小乔木型，大叶类，中芽种
31		特选黄栀香	凤凰大质山	无性系，小乔木型，中叶类，迟芽种
32		乌叶黄栀香 2 号	凤凰乌岽山	无性系，小乔木型，中叶类，中芽种
33		忠汉种黄栀香	凤凰石古坪	无性系，小乔木型，中叶类，中芽种
34		棕蓑挟	凤凰乌岽山	无性系，小乔木型，中叶类，中芽种
35		团树叶 1 号	凤凰大质山	无性系，小乔木型，中叶类，中芽种
36		油茶叶 1 号	凤凰山	无性系，小乔木型，中叶类，中芽种
37		黄栀香 5 号	凤凰山	无性系，小乔木型，中叶类，中芽种
38		佳常黄栀香	凤凰乌岽山	无性系，灌木型，中叶类，迟芽种
39		宋种 3 号	凤凰山	无性系，灌木型，中叶类，中芽种
40		黄栀香 6 号	凤凰大质山	无性系，小乔木型，小叶类，中芽种
41	芝兰香型	鲫鱼叶	凤凰乌岽山	有性系，乔木型，中叶类，迟芽种
42		芝兰香 4 号	凤凰乌岽山	有性系，乔木型，小叶类，中芽种
43		鸡笼刊	凤凰乌岽山	有性系，小乔木型，大叶类，中芽种
44		芝兰香 1 号	凤凰乌岽山	有性系，小乔木型，大叶类，迟芽种
45		芝兰香 2 号	凤凰山	有性系，小乔木型，大叶类，中芽种
46		乃庆	凤凰乌岽山	有性系，小乔木型，大叶类，中芽种

续表

序号	香型	名称	原产地	主要特征
47	芝兰香型	竹叶1号	凤凰山	有性系，小乔木型，大叶类，中芽种
48		大丛茶2号	凤凰乌岽山	有性系，小乔木型，中叶类，中芽种
49		似八仙	凤凰乌岽山	有性系，小乔木型，中叶类，迟芽种
50		芝兰香3号	凤凰山	有性系，小乔木型，中叶类，中芽种
51		兄弟茶	凤凰乌岽山	有性系，小乔木型，中叶类，中芽种
52		芝兰香5号	凤凰山	有性系，小乔木型，中叶类，迟芽种
53		花香单丛茶（东方红之父）	凤凰乌岽山	有性系，小乔木型，小叶类，迟芽种
54		柑叶	凤凰乌岽山	有性系，灌木型，中叶类，中芽种
55		山茄叶	凤凰山	无性系，乔木型，大叶类，迟芽种
56		八仙	凤凰乌岽山	无性系，乔木型，中叶类，迟芽种
57		雷扣茶	凤凰乌岽山	无性系，小乔木型，大叶类，迟芽种
58		芝兰香6号	凤凰山	无性系，小乔木型，大叶类，中芽种
59		立夏芝兰	凤凰山	无性系，小乔木型，大叶类，迟芽种
60		竹叶2号	凤凰乌岽山	无性系，小乔木型，大叶类，中芽种
61		白八仙	凤凰山	无性系，灌木型，大叶类，迟芽种
62		芝兰香7号	凤凰山	无性系，灌木型，中叶类，中芽种
63	桂花香型	团树叶	凤凰乌岽山	有性系，小乔木型，中叶类，迟芽种
64		油茶叶3号	凤凰山	有性系，小乔木型，小叶类，早芽种
65		桂花香	凤凰山	无性系，乔木型，中叶类，中芽种
66		群体	凤凰山	无性系，小乔木型，中叶类，中芽种
67	柚花香型	柚花香	凤凰山	有性系，乔木型，大叶类，中芽种
68		油茶叶4号	凤凰乌岽山	有性系，小乔木型，中叶类，迟芽种
69		柚叶	凤凰乌岽山	有性系，小乔木型，中叶类，迟芽种
70	玉兰香型	金玉兰	凤凰山	有性系，小乔木型，大叶类，早芽种
71		娘仔伞	凤凰山	有性系，小乔木型，中叶类，迟芽种
72		玉兰香	凤凰山	无性系，小乔木型，中叶类，迟芽种
73	夜来香型	夜来香	凤凰乌岽山	有性系，乔木型，大叶类，迟芽种

续表

序号	香型	名称	原产地	主要特征
74	姜花香型	姜母香	凤凰山	有性系，小乔木型，大叶类，中芽种
75		姜花香	凤凰乌岽山	有性系，小乔木型，中叶类，中芽种
76		通天香	凤凰乌岽山	有性系，小乔木型，中叶类，迟芽种
77	茉莉香型	茉莉香 1 号	凤凰乌岽山	无性系，灌木型，大叶类，中芽种
78		茉莉香 2 号	凤凰乌岽山	无性系，小乔木型，大叶类，迟芽种
79	橙花香型	橙花香	凤凰乌岽山	有性系，小乔木型，中叶类，中芽种
80	天然果蜜味香型杏仁香型	杏仁香 1 号	凤凰乌岽山	有性系，小乔木型，中叶类，中芽种
81		桃仁香	凤凰乌岽山	有性系，小乔木型，中叶类，迟芽种
82		杏仁香 2 号	凤凰山	有性系，小乔木型，中叶类，中芽种
83		大乌叶 2 号	凤凰山	无性系，小乔木型，中叶类，中芽种
84		锯剁仔 1 号	凤凰乌岽山	无性系，小乔木型，中叶类，中芽种
85		锯剁仔 2 号	凤凰乌岽山	无性系，灌木型，小叶类，中芽种
86	肉桂香型	过江龙	凤凰乌岽山	有性系，乔木型，中叶类，迟芽种
87		肉桂香	凤凰山	无性系，小乔木型，大叶类，中芽种
88	杨梅香型	杨梅叶	凤凰乌岽山	有性系，小乔木型，小叶类，中芽种
89	薯味香型	香番薯 1 号	凤凰乌岽山	有性系，小乔木型，大叶类，迟芽种
90		香番薯 2 号	凤凰乌岽山	无性系，小乔木型，大叶类，迟芽种
91	咖啡香型	火辣茶	凤凰乌岽山	有性系，乔木型，中叶类，中芽种
92	蜜兰香型	蜜兰香	凤凰山	无性系，灌木型，大叶类，中芽种
93		白叶单丛	饶平和潮安	无性系，灌木型，大叶类，特早芽种
94	苦味型	苦种单丛	凤凰乌岽山	有性系，小乔木型，大叶类，中芽种
95		苦茶	凤凰山	有性系，小乔木型，大叶类，中芽种
96		苦种茶	凤凰乌岽山	有性系，小乔木型，中叶类，迟芽种
97		苦种	凤凰山	有性系，小乔木型，中叶类，中芽种
98	其他清香型	大茶仔	凤凰乌岽山	有性系，乔木型，大叶类，中芽种
99		香茶	凤凰山	有性系，乔木型，大叶类，早芽种
100		团树叶 2 号	凤凰山	有性系，小乔木型，大叶类，中芽种

续表

序号	香型	名称	原产地	主要特征
101	其他清香型	香茶（三）	凤凰山	有性系，小乔木型，大叶类，中芽种
102		香茶（一）	凤凰山	有性系，小乔木型，大叶类，迟芽种
103		香茶（二）	凤凰山	有性系，小乔木型，大叶类，中芽种
104		大蝴蜞 1 号	凤凰乌崬山	有性系，小乔木型，中叶类，中芽种
105		奇兰香	凤凰乌崬山	有性系，小乔木型，中叶类，迟芽种
106		蟑螂翅	凤凰乌崬山	有性系，小乔木型，小叶类，中芽种
107		黄茶丕	凤凰山	有性系，小乔木型，小叶类，早芽种
108		大白叶 2 号	凤凰乌崬山	有性系，小乔木型，小叶类，迟芽种
109		大蝴蜞 2 号	凤凰乌崬山	无性系，小乔木型，大叶类，中芽种
110		蛤股捞	凤凰山	无性系，小乔木型，中叶类，早芽种
111		金丝仔	凤凰乌崬山	无性系，小乔木型，中叶类，迟芽种
112		峯门 1 号	凤凰乌崬山	无性系，小乔木型，中叶类，中芽种
113		峯门 2 号	凤凰乌崬山	无性系，灌木型，大叶类，迟芽种
114	石古坪乌龙	细叶石古坪乌龙 1 号	凤凰石古坪	有性系，灌木型，小叶类，迟芽种
115		细叶石古坪乌龙 2 号	凤凰石古坪	无性系，灌木型，小叶类，迟芽种
116		大叶石古坪乌龙	凤凰石古坪	无性系，灌木型，小叶类，中芽种
117	色种（引进茶树品种）	佛手	福建安溪	无性系，小乔木型，大叶类，早芽种
118		奇兰	福建安溪	无性系，灌木型，中叶类，迟芽种
119		铁观音	福建安溪	无性系，灌木型，小叶类，中芽种

附录四　台湾乌龙茶树品种特征表

台湾地区适制乌龙茶的茶树品种特征表

品种	适制茶品	优缺点	主要分布地
青心乌龙	高山乌龙	制成的茶品质优异，但树势较弱，易患枯枝病且产量低	嘉义县阿里山、南投名间乡及鹿谷乡等地
青心大冇	东方美人	产量高且适制性广，但叶肉稍厚且质硬	桃园、新竹、苗栗三县
大叶乌龙	铁观音	生长较迅速，但枝条较疏，叶厚质硬	零星散布于汐止、七堵、深坑、石门、瑞穗等地区
硬枝红心	铁观音	生长较迅速，产量中等。滋味偏涩，现较常制成红茶	台北淡水茶区
红心大冇	白毫乌龙	生长较迅速，但不及硬枝红心等	新浦、北浦、竹东等乡镇
黄心乌龙	白毫乌龙	同上	苗栗县
铁观音	铁观音	特有的观音韵，但生长缓慢，适应性较弱，产能也较低	木栅
四季春	包种茶	生长强劲、产量大，但制成的包种茶风味特性不如青心乌龙在市场上受欢迎	木栅、嘉义、南投
台茶 12 号	乌龙茶	具有独特的奶香味，树势旺盛，方便机采，茸毛短多但比青心乌龙少	全台湾地区各茶区
台茶 13 号	乌龙茶	由于滋味特殊具强烈花香，因此日渐受到欢迎，可在全台种植	可在全台湾地区种植
台茶 22 号	乌龙茶	春冬季制轻发酵茶，夏季制成毫乌龙，均优于金萱，产量高、栽培容易、制成率高	推出时间短，适合种植在中海拔茶园
备注：台湾地区种植的适制乌龙茶茶树品种，另有武夷茶、水仙、佛手、梅占、台茶 5 号、台茶 6 号、台茶 14 号、台茶 15 号、台茶 16 号、台茶 17 号、台茶 19 号、台茶 20 号等品种，但因各种因素使得栽植面积较小，与六龟野生茶相似，无法大面积普及			

热点问答

问：漳平水仙有哪些特点？

答：漳平水仙是乌龙茶类的紧压茶，茶饼外形扁平四方，带水仙花香，香气清高幽长，滋味醇爽细润，鲜灵甘活，耐冲泡，茶色赤黄。漳平水仙茶饼的制作工艺流程为：鲜叶—晒青—晾青—做青（摇青与晾青交替）—杀青—揉捻—造型（含造型与定型）—烘焙。

问：永春佛手有哪些特点？

答：永春佛手茶又名香橼、雪梨，主产于福建永春县苏坑、玉斗和桂洋等乡镇海拔600米至900米高山处。佛手茶树品种有红芽佛手与绿芽佛手两种（以春芽颜色区分），红芽种树势披张，质高味香；绿芽种树势稍直立，质逊于红芽种。佛手鲜叶大如掌，呈卵圆形。永春佛手因其叶大枝细，叶质柔软，故制作工艺讲究，晒青宜轻不宜重，制青时间宜短不宜长。佛手茶茶条紧结、肥壮、卷曲，色泽砂绿乌润，香浓锐、带果香，味甘厚，汤色橙黄清澈。

问：陈年乌龙茶有哪些特点？

答：陈年乌龙茶有铁观音、武夷岩茶等，是储藏一定年份的茶。茶叶在存放过程中，在光、热、水、气的作用下，品质成分发生缓慢的氧化或缩合，产生陈气、陈味和陈色。陈年乌龙茶需要有正确的存储方式方能保证茶不变质。保存好的陈茶年数久长，具有一定的药用价值。武夷岩茶“陈饮”的习俗自古有之，明崇祯年间进士周亮工《闽茶曲》云：“雨前虽好但嫌新，火气未除莫接唇。藏得深红三倍价，家家卖弄隔年陈。”陈年岩茶外形色泽灰褐，汤色深橙黄，似琥珀色，滋味润滑醇厚。

问：乌龙红茶属于乌龙茶类还是红茶类？

答：随着茶叶科技的进步，各茶类技术相互融合，致使现今市场茶类中出现新产品“乌龙红茶”。将乌龙茶的摇青技术嫁接在红茶的加工过程中，制出品质特点兼具乌龙茶的高香与红茶的甘甜的产品，此产品定位为红茶，是创新红茶，不属于乌龙茶种类。

问：什么是“全肉宴”？

答：武夷岩茶品类很多，肉桂是其中主要品种之一，其香气辛锐霸气、耐泡、有岩韵。武夷山正岩产区不同山场出产的肉桂，由于岩土、微域气候不同，其特征变化明显，品质各异，被戏称为“全肉宴”：“牛肉”是牛栏坑肉桂，“马肉”是马头岩肉桂，“龙肉”是九龙窠肉桂，“虎肉”是虎啸岩肉桂，“象肉”是象鼻岩肉桂，“猪肉”是竹窠肉桂，“羊肉”是三仰峰肉桂，“狮肉”是狮子峰肉桂，“鹰肉”是鹰嘴岩肉桂，“虾肉”是霞滨岩肉桂，“猫肉”是猫耳石肉桂，“燕子肉”是燕子窠肉桂。

问：什么是茶庄园？有名的茶庄园有哪些？

答：茶庄园是茶产业转型升级的重要突破口，促进茶产业一、二、三产业融合及跨界融合，开发茶叶、茶食、茶游等一体化运营模式，让人们分享生态、健康、安全的茶生活。以安溪铁观音乌龙茶为例，在第七届中国茶都安溪国际茶业博览会开幕式上，华祥苑茶庄园、高建发茶庄园、国心绿谷庄园、添寿福地茶庄园、中闽魏氏茶庄园、冠和茶庄园、德峰茶庄园、八马茶庄园、三和茶庄园、绿色黄金森林茶庄园 10 家茶庄园被评为安溪“十大金牌茶庄园”。杉品茶庄园、山国饮艺茶庄园、年年香茶庄园、铁观音发源地（魏说）茶庄园、蜈蚣山茶庄园、禅心缘茶庄园、举源茶庄园、高鼎茶庄园等庄园茶企荣获“茶庄园建设创意奖”。

问：什么是拼配技术？

答：由于不同产地、不同品种、不同季节、不同批次、不同品质特点等因素影响，成品茶品质有较大差异性，而大市场需要的成品茶数量大且质量要求相对稳定，因此必须进行拼配。拼配是茶企根据各花色等级产品的质量要求，按一定比例合理拼配，组合成各花色等级的成品茶，达到取长补短的作用，保持成品茶质量均衡一致，提高企业效益。如拼配大红袍，是将纯种大红袍、水仙、肉桂、武夷名丛、品种茶（如黄观音、金观音等）和陈茶等按一定比例拼和而成。

参考文献

1. 安溪县农业志编纂委员会．安溪县农业志［M］．北京：中国文史出版社，2013．

2. 张家坤．铁观音大典［M］．福州：海峡出版发行集团/福建美术出版社，2010．

3. 宛晓春，夏涛，等．茶树次生代谢［M］．北京：科学出版社，2015．

4. 屠幼英．茶与健康［M］．北京：中国出版集团/世界图书出版公司，2011．

5. 谢文哲．茶之原乡［M］．北京：世界图书出版公司北京公司，2014．

6. 詹罗九，郑孝和，曹利群，等．中国茶叶经济的转型［M］．北京：中国农业出版社，2004．

7. 李宗垣，凌文斌．安溪铁观音制作与审评［M］．福州：海潮摄影艺术出版社，2006．

8. 首届海峡两岸茶业博览会．首届海峡两岸茶业博览会“生态 健康 和谐”茶业论坛论文集［Z］．安溪：内部刊物，2007．

9. 陈水潮．安溪茶业论文选集［Z］．安溪：内部刊物，2004．

10. 赵大炎．漫话武夷茶文化［Z］．武夷山：内部刊物，2000．

11. 福建省崇安县委员会文史资料编辑室．崇安县文史资料第3辑［Z］．武夷山：内部刊物，1983．

12. 李远华．第一次品岩茶就上手［M］．北京：旅游教育出版社，2015．

13. 肖天喜．武夷茶经［M］．北京：科学出版社，2008．

14. 罗盛财．武夷岩茶名丛录［M］．北京：科学出版社，2007．

15. 叶汉钟，黄柏梓．凤凰单丛［M］．上海：上海文化出版社，2012．
16. 邱陶瑞．潮州茶叶［M］．广州：广东科技出版社，2009．
17. 凤凰茶树资源调查课题组．潮州凤凰茶树资源志［Z］．潮州：内部刊物，2001．
18. 邱陶瑞．中国凤凰茶：茶史·茶事·茶人［M］．深圳：深圳报业集团出版社，2015．
19. 程启坤．台湾乌龙茶［M］．上海：上海文化出版社，2008．
20. 陈焕堂．台湾茶第一堂课［M］．台北：如果，大雁文化出版，2008．
21. 陈俊良．识茶、试茶、适茶，体验不一样的宜兰茶系列活动［J］．茶业专讯，2015（3）：7-8．
22. 吴声舜．六龟野生茶介绍［J］．茶情双月刊，2015（3）：8-9．
23. 刘铭纯．茶叶自动倾斜搅拌机介绍［J］．茶情双月刊，2015（2）：54．
24. 杨江帆，南强，李远华，等．武夷茶大典［M］．福州：福建人民出版社，2018．
25. 李远华．茶文化旅游［M］．北京：中国农业出版社，2019．